国家自然科学基金青年基金项目（52104178）
博士后创新人才支持计划项目（BX2021001）
中国博士后科学基金面上资助项目（2021M700179）

受热分解煤体活性位点的常温氧化机理

SHOURE FENJIE MEITI HUOXING WEIDIAN DE
CHANGWEN YANGHUA JILI

李金虎　著

中国矿业大学出版社
·徐州·

内容提要

本书以受热分解煤体为研究对象,分别研究了煤样的受热分解过程以及受热分解后煤样的氧化过程,开展了受热分解煤体活性位点产生和氧化过程的系统研究,揭示了受热分解煤体的煤自燃过程和氧化反应机理。全书内容丰富、层次清晰、图文并茂、论述有据,具有前瞻性、先进性和实用性。

本书可供安全工程及相关专业的科研与工程技术人员参考。

图书在版编目(CIP)数据

受热分解煤体活性位点的常温氧化机理 / 李金虎著
. — 徐州 : 中国矿业大学出版社,2022.7
ISBN 978 - 7 - 5646 - 5477 - 1

Ⅰ.①受… Ⅱ.①李… Ⅲ.①煤—高温分解—研究
Ⅳ.①TQ530.2

中国版本图书馆 CIP 数据核字(2022)第 122111 号

书　　名	**受热分解煤体活性位点的常温氧化机理**
著　　者	李金虎
责任编辑	王美柱
出版发行	中国矿业大学出版社有限责任公司
	(江苏省徐州市解放南路　邮编 221008)
营销热线	(0516)83884103　83885105
出版服务	(0516)83995789　83884920
网　　址	http://www.cumtp.com　E-mail:cumtpvip@cumtp.com
印　　刷	苏州市古得堡数码印刷有限公司
开　　本	787 mm×1092 mm　1/16　**印张** 9.25　**字数** 237 千字
版次印次	2022 年 7 月第 1 版　2022 年 7 月第 1 次印刷
定　　价	40.00 元

(图书出现印装质量问题,本社负责调换)

前　言

　　煤体的受热分解现象广泛存在于煤火传播、岩浆侵蚀、火区密闭及低阶煤烘焙干燥等过程中,发生受热分解后的煤体在经历长时间的低温热解状态后被发现自燃危险性明显增强,受热分解煤体的煤自然发火问题越来越得到重视。现有的相关研究主要从孔隙和水分等物理结构变化角度对这一现象进行解释,然而煤在热的作用下不仅会发生物理结构的变化,同时还会引起煤中键能较小的含氧官能团的受热分解并伴随活性位点的产生,这一分解过程对受热分解煤体氧化特性的影响还鲜有谈及。基于此,本书以受热分解煤体为研究对象,分别研究了煤样的受热分解过程以及受热分解后煤样的氧化过程,开展了受热分解煤体活性位点产生和氧化过程的系统研究,进而揭示了受热分解煤体的煤自燃过程和氧化反应机理。

　　本书共分为6章。第1章为绪论部分,介绍了自燃机理方面的国内外最新研究现状,指出受热分解煤体自燃特性研究的必要性,介绍了本书研究目标、内容及技术路线。第2章,介绍了受热分解前后煤样的物化结构和自燃特性变化,指出了煤样的低温热解对低温氧化过程具有重要的影响。第3、4章,通过煤样热解后的恒温氧化实验测试了受热分解煤体活性位点的氧化特性,提出了活性位点的常温氧化观点,并分析了受热分解煤体活性位点的产生规律和产生动力学特性。第5章,开展了不同羧基官能团形态对活性位点产生过程的影响研究,结果表明煤中羧酸碱金属结构受热分解的活化能更低,在受热分解过程中能够明显促进活性位点的大量产生,从而导致煤样在常温氧化过程中的强烈放热。第6章,利用原位红外光谱分析仪及原位电子顺磁共振仪分析了煤样在升温热解及氧化过程中官能团和自由基的演化规律,得到了活性位点的本质属性为烷基自由基,并在此基础上阐明了受热分解煤体的煤自燃机理。

　　本书揭示了煤火传播、岩浆侵蚀、火区密闭及低阶煤烘焙干燥等情况下经历长时间的低温热解状态的煤体自燃危险性明显增强的原因,认为孔隙等结构的变化为受热分解煤体的自燃提供物理供氧通道,真正内在的原因在于受热分解过程产生活性位点的氧化放热。本书对从事煤炭自燃方向研究的同仁有一定的参考价值,尤其对从事热影响煤体自燃特性研究的研究生和工程技术人员有着一定的指导意义。

许多从事煤自燃方向研究的专家和学者对本书的撰写给予了大力的支持和帮助,尤其要感谢我敬爱的博士生导师中国矿业大学李增华教授和安徽理工大学陆伟教授对书稿各个章节的审核和修改。此外,美国马里兰大学 Ashwanic K.Gupta 教授、马里兰大学 Kiran Burra 博士在本书的热分析以及红外光谱分析方面给予了很多帮助。河南工业大学王志伟教授和湖南大学刘璇讲师为本书的撰写提供了很多宝贵意见。参与本书资料整理的硕士研究生还有曹钦、叶鑫浩、张昊禳、杨泽峰等。在此表示衷心的感谢!

本书的出版得到了国家自然科学基金青年基金项目(52104178),博士后创新人才支持计划项目(BX2021001)和中国博士后科学基金面上资助项目(2021M700179)的资助,在此一并表示感谢!

著 者
2022 年 5 月于安徽理工大学

目　录

1 绪论 ……………………………………………………………………… 1

　　1.1 选题的背景及意义 ……………………………………………… 1

　　1.2 国内外研究现状 ………………………………………………… 3

　　1.3 拟解决的关键问题 ……………………………………………… 9

　　1.4 研究目标、内容及技术路线 …………………………………… 10

2 受热分解对煤体物化特性和自燃特性的影响 ……………………… 12

　　2.1 煤样选择与实验装置 …………………………………………… 12

　　2.2 煤样受热分解前后的物理特性分析 …………………………… 13

　　2.3 煤样受热分解前后的化学特性分析 …………………………… 20

　　2.4 受热分解过程对煤炭自燃特性的影响 ………………………… 32

3 受热分解煤体活性位点的高温和常温氧化特性 …………………… 39

　　3.1 原煤煤样的恒温氧化实验 ……………………………………… 39

　　3.2 多因素条件下热解后煤样的高温氧化实验 …………………… 41

　　3.3 多因素条件下热解后煤样的常温氧化实验 …………………… 48

　　3.4 煤样氮气干燥后的常温氧化实验 ……………………………… 56

4 受热分解煤体活性位点的产生规律及产生动力学分析 …………… 59

　　4.1 多因素条件下煤样的恒温热解实验 …………………………… 59

　　4.2 基于 CO 和 CO_2 热解产生量的活性位点产生规律 ………… 65

　　4.3 热解过程中气体产物生成的动力学分析 ……………………… 67

　　4.4 活性位点产生的热动力学参数分析 …………………………… 71

5 羧酸碱金属盐结构对活性位点产生的影响研究 …………………… 79

　　5.1 实验研究方法和煤样的预处理过程 …………………………… 79

　　5.2 碱处理对煤样化学结构的影响 ………………………………… 80

  5.3 碱处理煤样的恒温热解及常温氧化实验 ⋯⋯⋯⋯⋯⋯⋯⋯⋯ 86

  5.4 羧酸碱金属结构对活性位点产生的影响机理 ⋯⋯⋯⋯⋯⋯⋯ 92

6 活性位点的本质及受热分解煤体煤自燃机理研究 ⋯⋯⋯⋯⋯⋯⋯ 97

  6.1 煤样低温热解/氧化过程中的官能团演化规律 ⋯⋯⋯⋯⋯⋯⋯ 97

  6.2 煤样低温热解/氧化过程中的自由基演化规律 ⋯⋯⋯⋯⋯⋯⋯ 104

  6.3 活性位点本质及其与含氧官能团之间的相互转化 ⋯⋯⋯⋯⋯ 117

  6.4 活性位点常温氧化的机理分析 ⋯⋯⋯⋯⋯⋯⋯⋯⋯⋯⋯⋯⋯ 119

  6.5 基于活性位点常温氧化的受热分解煤体煤自燃机理 ⋯⋯⋯⋯ 122

参考文献 ⋯⋯⋯⋯⋯⋯⋯⋯⋯⋯⋯⋯⋯⋯⋯⋯⋯⋯⋯⋯⋯⋯⋯⋯⋯⋯⋯⋯ 127

1　绪　论

1.1　选题的背景及意义

能源是经济社会发展的物质基础和动力来源,在全球一次能源消费结构中化石能源仍将长期占据主导地位。"富煤、贫油、少气"是我国能源结构的基本特征,以煤炭为主的资源禀赋是我国的基本国情[1]。国际能源展望 2019 预测[2],今后三十年中国仍然是煤炭的最大生产和消费国,2019 年中国能源消费总量约为 486 000 万吨标准煤,其中煤炭消费量约为280 422 万吨标准煤,占据能源消费量的 57.7%。另外,伴随煤炭开采所产生的煤炭自燃问题已在世界范围内造成了极为严重的经济、环境以及社会问题[3-5]。塔吉克斯坦拉瓦山地下500 m 煤层已经燃烧 3 000 多年,澳大利亚汉捷维利山煤炭已燃烧 2 000 多年,由于扑灭费用高于煤炭价值,故而任其燃烧;美国宾夕法尼亚州现有 140 处地下煤火和 58 处燃烧的垃圾堆,虽采用了大量的先进灭火方法,然而成效甚微;印度 Jharia 煤田火区已烧毁煤炭资源约 3 700 万吨,另导致约 14.53 亿吨煤炭被封存无法开采;此外,印度尼西亚煤田大火所散发的有害气体已成为全球环境破坏的主要污染源[6-9]。中国已查明正在燃烧火区 56 处,分布在 7 个省(自治区),累计已经燃烧 720 km²,直接烧火煤炭 2 000 万吨/年,破坏煤炭资源量2 亿吨/年,每年向大气直接排放各种有害气体 105.69 万吨,占有害气体总量的 10%。其中乌达煤田高硫煤,已经自燃长达 50 年之久,每年烧毁的煤炭资源将近 100 万吨,对当地的生态环境造成了巨大破坏[10-12]。伴随着我国煤炭资源开采的战略转移,东部地区的逐渐去产能,西北部地区变质程度较低的易自燃煤种承接我国煤炭的主要产能,因此我国将会面临更为严峻的煤炭自然发火情况,煤炭自燃仍长期是煤炭行业亟待解决的重要问题[13-16]。

煤的低温氧化放热是导致煤炭自燃发生的根本原因[17-19]。具有自燃倾向性的煤体破碎堆积后,由于物理吸附氧气和化学氧化会发生自热现象,热量的积聚使得煤体的温度升高,加速反应的进行,并最终导致煤炭自燃的发生[20-22]。因此,为了弄清楚煤炭自燃这一现象,必须搞明白煤炭的自热是如何发生的。在自然环境的温度下,煤的自发放热是一个不需要外界能量参与的热动力学反应过程。一般认为,煤炭自热是煤中活性物质在常温条件下与空气中的分子氧发生物理-化学反应而引起的[23-25]。当煤体产生的热量大于其向周围环境的散热量时,会导致煤体的温度升高,加速煤的氧化反应速率并产生更多的热量,使煤体温度进一步升高直至不可控自燃的发生。然而由于煤中有机结构的复杂性,煤的低温氧化也是极为复杂的过程,其中包含氧气扩散到颗粒的表面和孔隙中,煤中活性物质与氧气的化学反应,热量的产生以及氧化气体产物的产生和释放[26-29]。此外,煤的低温氧化过程还受到内外部因素的综合作用影响。内部因素主要包括煤的组成和物理性质,煤的粒径分布以及煤的风化时长等[30-33];外在因素包括温度,通风情况,氧气的分压和大气的水分含量等[34-39]。为了解决煤炭自燃理论研究的难题,很多的科研机构和团队从煤样的吸氧速率、气体产生量、表观活化能等宏观实验数据以及分子结构、活性官能团、自由基浓度等煤的微观结构方面对煤的低温氧化过程进行分析,并在煤炭自燃基础理论以及相应的治理方法方面取得了长足的进步[40-46]。然而目前有关煤炭自燃机理的研究往往单一地从活性物质氧化的角度出发,而忽视了低温热解过程在煤炭自燃中所起的作用。事实上,无论是在煤体的氧化自燃过程中还是在煤炭火灾的传播过程中都不可避免地由于热量的传递而发生煤中不稳定结构的受热分解过程,煤样低温条件下的受热分解过程对煤炭自燃过程的影响鲜有谈及。

除了存在于煤的低温氧化和火灾传播过程中之外,实际生产过程中也会常常遇见煤低温热解过程。例如许多矿井存在着岩浆侵入的情况,高温的岩浆温度在 $800 \sim 1\,200\,℃$,侵入区中心的煤体会因高温热解而形成天然焦或者完全硅化,而距离侵入中心区一定范围的煤体不可避免地存在着低温热解过程[47-48]。目前越来越多的矿井发现岩浆侵入的煤层,即使煤的变质程度较高也容易发生自然发火,如杨柳矿、塔山矿、同忻矿以及大兴煤矿[49-52]。另外,当井下煤体发生燃烧时,封闭法是国内外常采用的火区密闭措施[53-55]。我国《煤矿安全规程》第二百六十五条规定:当井下发现自然发火征兆时,必须停止作业,立即采取有效措施处理。在发火征兆不能得到有效控制时,必须撤出人员,封闭危险区域。处于密闭火区内的煤体也同样不可避免地存在着煤的低温热解过程。然而尽管在以后的启封过程中相关人员严格按照《煤炭安全规程》第二百七十九条的相关规定对封闭的火区进行启封,然而仍然大量存在着回风流中CO浓度和温度迅速上升的现象甚至发生启封后火区的快速复燃[56-60]。另外,低阶煤占据整个煤炭储量的 45% 以上[61-63]。低阶煤具有产热量低、含水率和含氧量高等特点,严重影响了煤炭的燃烧、气化以及液化,并在长距离的运输过程中增加运输成本[64-67]。因此,在低阶煤产地对煤炭进行烘焙提质是通常采用的方法。为防止煤的受热氧化和热量损失,干燥一般在惰性条件下进行,然而实际生产过程中发现惰气条件下蒸发脱水后的煤样在常温下更容易发生氧化和自燃现象[68-73]。归纳生产实践过程中发生的上述现象,无论是火灾传播、岩浆侵入、火区密闭或者是烘焙提质过程中的煤体均存在受热分解状态(也称低温热解),发生受热分解后的煤体在经历长时间的高温和缺氧的热解过程后自燃危险性会增加。有文献研究了煤的低温热解过程,认为热解会导致煤中键能较小的含氧官能团的受热分解,其中羰基的受热分解产生CO气体而羧基的受热分解产生 CO_2 气体,同时伴随气体的产生会形成大量的活性位点[74]。Wang 等[75]同样认为煤的低温氧化过程包含多个步骤:在孔隙表面吸附氧气形成不稳定的煤氧中间产物,分解不稳定的固体煤氧中间产物形成气体和稳定的固体产物以及稳定的复合产物热分解形成活性位点。具体的热分解反应过程如下:

$$\text{稳定的固体氧化产物}\begin{cases}\text{羰基官能团}\xrightarrow{\text{受热分解}}CO+\text{活性位点}\\\text{羧基官能团}\xrightarrow{\text{受热分解}}CO_2+\text{活性位点}\end{cases}$$

然而,这部分含氧官能团受热分解过程以及分解产生的次生活性位点在煤炭自燃中扮演的角色却鲜有谈及,这一研究的不足限制了煤炭自燃机理的发展。此外,能否从煤在热分解过程中活性位点产生和氧化的角度研究煤的氧化升温过程值得深入探讨,成为目前研究的重点。基于此背景,作者在导师的指导下开展了基于活性位点产生和氧化的受热分解煤体煤自燃特性研究,通过经典的恒温流动反应装置与色谱分析装置以及现代分析仪器如综合热分析仪、X 射线光电子能谱分析仪、红外光谱分析仪、电子顺磁共振仪等测试手段结合量子化学的计算方法得到活性位点的本质属性及氧化反应过程,研究成果将在完善受热分解煤体煤炭自燃机理,判断煤炭自燃危险区域,找到抑制受热分解煤体煤自燃的新型高效阻化途径等方面具有重要的理论与实践意义。

1.2 国内外研究现状

随着开采深度与开采强度的逐步增加,通风系统相对复杂化以及低变质程度煤炭的利用量加大,煤炭自燃危险性有明显增大的趋势。为了减少煤炭自燃的发生,国内外科研机构和相关科研人员从煤的分子结构和物化特性等方面不断深入研究,以期找到导致煤炭自热和不可控自燃发生的内在机理,并在此基础上研发新型高效的煤自燃阻化技术。因此结合本书的研究内容将从煤中活性基团的研究现状、煤自燃基础理论研究现状、受热分解煤体煤自燃研究现状以及煤自燃阻化方法研究进展几个方面对相关的国内外研究现状进行具体阐述。

1.2.1 煤中活性基团的研究现状

一般而言,煤炭自燃的倾向性随着煤变质程度的增加而降低,其中高变质程度的无烟煤自燃倾向性最低。大量的研究者[76-81]认为煤炭自燃的难易程度与煤中的分子结构有关,低温条件下煤炭的氧化主要发生在煤的侧链结构上,芳香度越低、侧链越多的煤样更容易发生自燃。因此研究煤的大分子结构,并据此研究活性结构的氧化放热过程对煤炭自燃的理论研究具有重要意义。

1.2.1.1 煤的基本结构单元

与一般大分子聚合物不同,煤并不是由单一化学结构的单体构成的,而是由相对分子质量不同、化学结构相似的基本结构单元通过桥键连接而成的大分子交联网络结构[82-84]。煤的基本结构单元又是由规则的芳香核和不规则的官能团、烷基侧链和桥键组成的。研究发现芳香环数与煤中的含碳量相关,煤中含碳量为 $70\%\sim83\%$ 时,平均环数为 2 个,含碳量在 $83\%\sim90\%$ 时,平均环数增至 $3\sim5$ 个,含碳量为 95% 时,环数激增至 40 个以上[85-87]。根据煤的平均分子结构,研究者从煤的化学结构参数出发,目前已建立的代表性的化学结构模型有 Krevelen 模型、Given 模型、Wiser 模型和 Shinn 模型[86,88-91]。这些结构模型都在不同程度上反映了煤结构的特征,但由于采用了不同的观点和构建方法,因此这些模型并不能完全反映煤的整体结构特征及其与物理、化学性质之间的关系。

1.2.1.2 煤中的活性结构

煤是由多个基本结构单元通过桥键连接组成的,而结构单元由规则的且化学性质稳定的芳香核与不规则的且化学性质相对活泼的官能团和烷基侧链两部分组成[92-93]。其中构成烷基侧链的有甲基、亚甲基和次甲基等基团,烷基侧链的长度随煤化程度的增加而减小[94-96]。煤分子上的官能团主要是含氧官能团以及少量的含氮和含硫官能团,其中含氧官能团有羟基(—OH)、羧基(—COOH)、羰基(—C=O)、甲氧基(CH_3—O)等,且这些含氧官能团含量随着煤化程度的升高而减少;含氮官能团主要是吡啶和喹啉衍生物及氨基(—NH_2 等);含硫官能团则多以硫醇(—SH)、硫醚(—S—)以及呈杂环状态的硫醌和噻吩等形式存在[95,97-100]。研究认为[101-104],含氧官能团和烷基侧链参与到煤的低温氧化进程中并对煤炭自燃的发生起着至关重要的作用;相比之下,含硫官能团中的某些物质如硫醇,虽然活性较高但在煤中的含量较少,关于其对煤炭自燃影响的报道较少;而煤中含氮官能团对煤炭自燃的影响鲜有谈及。

1.2.1.3 煤低温氧化过程中含氧官能团及烷基演变规律

煤中含氧官能团以及烷基侧链等活性结构在低温氧化过程中的演变规律研究是煤炭自燃机理研究的重要基础和必不可少的重要组成部分。借助傅里叶红外光谱以及量子化学的手段,大量研究者对低温氧化过程中的这些微观结构的变化过程进行了较为全面而具体的研究(表 1-1)。Wang 等[79]发现随着氧化的进行,煤中的甲基、亚甲基等物质快速减少,而含氧官能团的含量逐渐增加,于是认为初始阶段首先是煤中的活性基团如甲基和亚甲基与氧气发生氧化反应,随后不稳定的中间产物发生分解并转化为稳定的固体产物如羧基、羰基等。其后,Mathews 等[105]通过研究发现煤的初始氧化发生在苄基(α-H)位置上,煤首先在此位置氧化生成过氧化氢,然后再转化生成醌和羧基类物质。Tahmasebi 等[106]在对煤样进行热空气干燥时发现,脂肪族氢结构显著减少,同样认为空气中的氧主要与脂肪族结构反应产生含氧官能团,同时根据 CH_3/CH_2 比率的不断增加得到亚甲基结构是煤与空气中的氧反应最活跃位点的结论。与之前的研究类似,Zhou 等[107]在研究煤低温氧化过程中活性官能团的迁移和转化规律时同样发现,随着温度的升高煤样中的甲基和亚甲基的含量均逐渐减少,且亚甲基减少得更多,说明亚甲基的活性更高,更易被氧化。王德明等[20]认为除了甲基、亚甲基和次甲基等烷基活性基团外,羧基、羰基和羟基等含氧官能团结构也是引起煤低温氧化反应的活性基团。Xin 等[29,108]利用量子化学的方法对煤中可能存在的活性官能团进行模拟计算时发现,次甲基在常温条件下即可发生氧化反应,因此推断次甲基是导致煤炭自燃的初始活性位点。同时,Qi 等[109]构建了煤中活性官能团的简易分子结构,并利用量子力学理论计算了煤自燃的羟基以及次甲基反应的动力学和热力学变化,认为虽然次甲基能够在常温条件下氧化但是放热量很少,而羟基的活化能较高但放热量很大,提出羟基和亚甲基的共同作用导致煤炭自燃发生的观点。利用原位红外光谱,Zhong 等[110]发现在煤的低温氧化过程中,烷基结构随着温度的升高而减少,而含氧官能团随着温度的升高而增多,于是认为甲基、亚甲基和次甲基活性更高,它们与空气中的氧气发生氧化反应导致含氧官能团的生成,这些活性基团的氧化是导致煤炭自燃的初始热量来源。Zhang 等[41]选择不同的试剂对煤样中不同的官能团进行选择性超声波抽提实验,并借助 TG 和 DSC 测试证明—OH 在煤的氧化阶段起主导作用,与—OH 相比,其他官能团如—CH_2—,—CH_3 和—C—O—C—对煤自燃过程中质量变化和放热的影响较小。此外,利用高斯软件,袁绍[111]从活化能的角度将煤中活性基团分为三类:第一类为烷基侧链中甲基和亚甲基;第二类为羟基、醚键 α 位的甲基和亚甲基;第三类与含氧官能团相连的亚甲基,得到以上三类活性基团的氧化活化能均在 152.18 kJ/mol 以上。

表 1-1 基于低温氧化过程中官能团演变规律提出的活性基团

文献作者	提出时间	活性基团
Wang 等[79]	2010	甲基和亚甲基
Mathews 等[105]	2011	α-H
Tahmasebi 等[106]	2013	亚甲基
王德明等[20]	2014	羧基、羰基和羟基等
Xin 等[29,108]	2016	次甲基

表 1-1(续)

文献作者	提出时间	活性基团
Qi 等[109]	2016	次甲基及羟基氢原子
Zhou 等[107]	2017	甲基和亚甲基
Zhong 等[110]	2019	甲基、亚甲基和次甲基
Zhang 等[41]	2018	—OH

大量的研究者基于煤在低温氧化过程中官能团演变规律提出了相应的活性基团,目前更多的焦点集中于煤分子中的烷基侧链以及羟基结构,认为在煤的低温氧化阶段,空气中的氧气分子首先攻击这些活性结构产生不稳定的过氧化物,然后过氧化物分解产生稳定的固体及气体氧化产物,在此过程中产生大量的反应热导致煤体温度的升高。上述对煤中活性基团的氧化研究有助于深入研究煤炭自燃机理,然而也存在这样的缺陷:一是,甲基、亚甲基以及羟基结构的氧化活化能远高于一般认为的煤能在常温条件下自发氧化的活化能,这些活性基团很难在常温下发生氧化放热使煤体温度升高;二是,虽然次甲基官能团被提及并被认为是在常温条件下氧化的活性基团,但是该活性基团在煤中的存在量很少导致其氧化的放热量不足以支撑煤的蓄热和升温所需的能量;此外,虽然这些活性基团的常温氧化观点被提出,并被认为是导致煤炭自热和不可控自燃的热量来源,但迄今为止,基于上述活性结构观点的煤的常温氧化现象鲜有谈及。相关可以查阅的材料是通过对煤样进行长时间的常温氧化而观察到的煤样微观结构的变化。如 Perry 和 Swann 等[112-113]虽然借助微观结构变化在一定程度上证实煤在常温条件下存在缓慢的氧化过程,但这一过程属于煤样的风化过程,同时煤在常温氧化反应过程中的气体产生和热量释放这两种与煤炭自燃密切相关的宏观物理参数变化未能被观测。因此,常温条件下煤中大量氧化放热的活性基团到底为何种结构仍需要进一步深入研究。

1.2.2　煤自燃基础理论研究现状

1.2.2.1　煤自燃低温氧化阶段反应过程

受限于煤低温氧化反应的复杂性,直接分析煤低温条件下活性基团氧化反应的具体过程是很困难的,目前对煤低温氧化反应过程的研究主要基于煤在低温氧化过程中的气体产生规律。煤在不同的低温氧化阶段会产生相应的气体产物,如 CO、CO_2、CH_4、C_2H_6、C_2H_4、C_2H_2 和 H_2 等[114-119]。大量的科研工作者利用低温氧化实验的手段研究煤在不同阶段的气体产生规律,以期从煤在氧化过程中气体产生的角度来反推其中存在的反应过程,这其中 CO 和 CO_2 的气体产生贯穿于煤的整个氧化过程中被认为与煤自燃的机理直接相关[120-124]。许多的科研工作者基于不同温度范围内煤样在升温过程中的 CO 和 CO_2 气体产生量,提出了不同的煤自燃低温氧化反应过程(表 1-2)。Kam 等[125]首先于 1976 年提出双平行理论学说,经过几十年的发展,逐渐得到广泛的认可。其认为煤中存在两个平行的反应过程即 direct burn-off 反应和化学吸附过程,相应的反应序列表达式如下:

$$煤 + O_2 \xrightarrow{\text{直接氧化}} CO + CO_2 + H_2O$$

$$煤 + O_2 \xrightarrow{\text{化学吸附}} 不稳定煤氧复合产物 \longrightarrow \begin{cases} CO + CO_2 + H_2O \\ 稳定的煤氧复合产物 \\ (70\ ℃\ 后发生分解) \end{cases}$$

其中,在煤氧的化学吸附反应序列中存在以下具体反应过程:(1)在煤的孔隙上化学吸附氧气形成不稳定的煤-氧中间产物;(2)分解不稳定的中间产物形成气体产物和稳定的固体氧化产物;(3)稳定含氧固体产物的热分解形成活性位点。Wang 等[75]在前人研究基础上对这一过程进行了总结,其认为煤的低温氧化过程包含多个步骤:在孔隙表面吸附氧气形成不稳定的煤氧中间产物,分解不稳定的固体煤氧中间产物形成气体和稳定的固体产物,热分解稳定的复合产物形成进一步氧化的活性位点。这其中煤氧复合产物可以分为不稳定的、稳定的和不反应的等三个不同的级别。不稳定的中间产物包括过氧化物、氢过氧化物和羟基;稳定的中间产物包括羧基、羰基等;不反应的复合物包括腐殖酸、酯和醚等结构。除此之外,direct burn-off反应发生在煤的芳香和烷基结构中,导致直接形成气体产物。随着研究的深入和分析技术的不断发展,目前一些学者提出在煤的氧化反应过程中不仅存在双平行理论里的两个过程,同时也存在煤中原生含氧官能团的受热分解反应过程。煤炭特别是变质程度较低的煤体,其本身含有大量稳定存在的原生含氧官能团,并指出羰基官能团的热解会产生 CO 气体,羧基官能团的热解会产生 CO_2 气体。戚绪尧[126]进行了煤样在供氧、无氧和无氧后供氧等三种不同条件下的原位红外及气相色谱测试,认为除已被验证的双平行反应外,煤在低温氧化阶段中还存在活性基团的自反应过程,并推导出了 CO、CO_2、H_2O 等主要产物的形成过程。Zhang 等[121]在基于煤炭氧化过程中的质量和耗氧量变化的研究中指出,煤氧化过程中的气体产生量不仅是由煤与氧之间的反应形成的表面氧化物的受热分解形成的,而且还由煤基中固有的含氧基团的热分解产生,其中低变质程度煤样 CO 主要来源于煤氧复合产物的分解,而对于高变质程度煤样则主要来源于固有的含氧基团;高变质程度煤样 CO_2 来源于煤氧复合产物的分解,而低变质程度煤样则主要来源于固有的含氧基团。

表 1-2 基于 CO 和 CO_2 气体产生提出的煤自燃反应机理

文献作者	温度范围	提出年份	反应机理
Kam 等[127]	200~225 ℃	1976	* 煤的直接氧化反应 $Coal + O_2 \longrightarrow CO, CO_2, H_2O$ * 化学吸附反应序列 煤 + $O_2 \longrightarrow$ 络合物 $\longrightarrow CO, CO_2, H_2O$
Karsner 等[128]	150~160 ℃	1982	* 煤的直接氧化反应 煤 + $O_2 \longrightarrow CO, CO_2, H_2O$ * 化学吸附反应序列 $Coal + O_2 \longleftrightarrow$ 物理吸附 O_2 $\longrightarrow$ 化学吸附 $O_2 \longrightarrow CO, CO_2$ * 水分的产生 煤 + $O_2 \longleftrightarrow$ physusorbed $O_2 \longrightarrow H_2O$
Krishnaswamy 等[129-130]	25~95 ℃	1996	* Direct burn-off reaction $Coal + O_2 \longrightarrow CO_2$ * 化学吸附反应序列 煤 + $O_2 \longrightarrow$ 煤氧不稳定络合物 $\longrightarrow CO_2$

文献作者	温度范围	提出年份	反应机理
Wang 等[131]	60～90 ℃	2002	* 煤的直接氧化反应 煤＋O_2——→CO，CO_2，Others * 化学吸附反应 煤＋O_2——→羧基＋羰基＋CO_2 * 羧基官能团——→CO_2 * 羰基官能团——→CO
戚绪尧[126]	30～220 ℃	2011	* 煤的直接氧化反应 Coal＋O_2——→CO，CO_2，H_2O * 化学吸附反应序列 Coal＋O_2——→煤氧不稳定络合物——→CO，CO_2，H_2O * 原生官能团的受热分解 原生官能团——→CO，CO_2，H_2O＋稳定官能团
Zhang 等[121]	50～200 ℃	2015	* 煤的直接氧化反应 煤＋O_2——→CO，CO_2，H_2O * 化学吸附反应序列 煤＋O_2——→煤氧不稳定络合物——→CO，CO_2，H_2O * 热分解原生的含氧官能团

此外,借助于有机化学反应机理以及分子模拟、量子力学等分析和计算方法,一些学者还提出了其他的综合性煤自燃反应理论如煤氧复合作用学说[20]、自由基作用假说[132]等。这其中从微观机理角度对煤氧化反应进行揭示的自由基作用学说被广泛认可,其认为煤大分子链中的共价键断裂产生大量活性自由基,活性自由基的链式反应导致煤自燃的发生,并推导了煤自燃过程的链式反应过程。在此基础上,Wang 等[29]利用密度泛函理论对构建的煤中活性结构单元进行量子化学分析,得到了煤自燃过程中可能存在的 13 个自由基基元反应过程。目前,自由基作用假说被大量应用于煤氧化反应的微观机理解释以及煤自燃新型高效阻化剂和灭火材料的研发等方面。

1.2.2.2　煤炭自燃的初始热量来源

作为一个重要的热量来源,煤的低温氧化在煤的自热和自燃过程中扮演着极为重要的角色。早期的文献认为硫铁矿的常温氧化以及细菌的发酵放热是煤炭自燃的初始热量来源,后来这两种观点均被推翻。Choi 等[27]认为干燥的煤颗粒与水分的接触产热是煤炭自燃的重要初始热量来源,热释放导致煤体的温度上升,并把这种效应归因于在潮湿空气中的水蒸气冷凝情况下的凝结潜热或是在直接加入液体情况下的润湿热,或者两者兼而有之。从煤中化学结构的角度,大量的文献认为煤炭自燃的发生原因在于煤中活性物质在低温条件下的氧化放热,热量的积聚导致煤体温度的升高,加速氧化进程并最终导致煤炭自燃的发生。目前研究的争议和焦点集中于引起煤炭自燃的初始热量的活性物质来源到底是什么。Wang 等[29]认为煤的初期氧化放热在于煤中次甲基的作用,并通过模拟计算认为其在常温下即可以发生氧化放热现象。Tahmasebi 等[133]通过红外光谱的手段进行煤样的升温氧化过程中活性官能团的探讨同样支持了这一观点。Li 等[134]则认为是煤体破碎时产生高活性自由基,活性自由基的常温氧化反应是煤炭自燃发生的初期热量来源。煤自燃开始于室温阶段,因此有关于煤自燃过程中初始热量来源问题的探讨对煤炭自燃的研究意义重大。

1.2.3 受热分解煤体煤自燃研究现状

受热分解煤体常见于岩浆侵入或火区密闭的煤体中,另外低阶煤的烘焙脱水以及煤体燃烧的传播过程中也存在受热分解现象,发生受热分解的煤体会在一定时间内处于高温和缺氧的热解状态。目前大量的生产实践中发现,发生受热分解后的煤体更容易发生煤炭的自燃现象。毕强[135]进行了大兴煤矿受火成岩侵入煤体的低温氧化特性分析,研究认为岩浆的高温作用使煤体大孔更加发育,从而增加煤的自燃危险性。Shi 等[136]同样研究了岩浆侵入煤体的水分和孔隙变化,认为是孔隙和水分的影响导致煤自燃倾向性的增加。陆伟等[56]对火区启封煤体易复燃问题进行了深入研究,认为自燃点中心的煤样由于煤中活性基团基本反应完全而较难再次自燃,但是离中心点较远受到热量影响的煤,由于煤样物理、化学条件改变,更容易传热及吸附氧气,因此更容易发生自燃。此外,Taraba 等[137]选择了两种煤样研究了在三种不同的条件下(预加热、水中加热、惰性气体保护下加热)煤样的变化情况,研究发现相比原煤和氧化后煤样,发生热解后的煤样自燃倾向性更高,并把这一现象归因于煤样的孔隙变化。Zhang 等[67]利用交叉点温度的方法发现氮气干燥过程中煤的自燃倾向性增加,并通过研究干燥过程中煤样孔隙的变化对这一现象进行了解释;Zhao 等[73]研究了氩气以及真空条件下干燥后印尼褐煤的自燃特性,认为水分含量和孔隙变化是影响煤自燃倾向性的主要原因。上述研究促进了煤炭自燃的预防工作,然而对受热分解煤体煤炭自燃特性的研究主要是从煤体受热后孔隙和水分的变化等物理结构变化方面进行的解释,认为在高温侵入过程中伴随着水分的脱除,煤中大孔和中孔的坍塌导致煤的孔隙变化增加了比表面积,进而增加煤对氧气的吸附能力,这导致煤的自燃倾向性增加,然而,目前对于煤体在受热分解影响后的化学变化方面的讨论明显较少。事实上,在受热分解过程的影响下,周围煤体会处于高温和缺氧的热解过程,且这一状态会持续很长的时间。其中煤体在高温热解条件下(如岩浆侵入)会导致挥发分脱除形成天然焦,不属于煤炭自燃的讨论范畴;而在距离受热分解中心一定距离外的煤体会存在某些键能较小的化学键的断裂过程,这其中对煤炭自燃影响较大的是含氧官能团。含氧官能团主要包含羰基、羧基、羟基、烷氧结构等,其中羟基和烷氧结构一般在 250 ℃ 以上才能发生分解,而羰基和羧基却能够在较低的温度下(70 ℃左右)发生受热分解反应[138-139]。在受热分解煤体的低温氧化过程中是否仅仅由物理结构变化导致了煤炭自燃倾向性的增加,煤中含氧官能团受热分解产生的活性位点对煤的自燃特性的影响如何暂时还鲜有谈及,值得深入研究。

1.2.4 煤自燃阻化方法研究进展

阻化剂抑制煤炭自燃具有操作简单、不影响生产等诸多优点,在煤矿自燃火灾的预防中扮演着重要的角色。然而目前煤矿常用的煤自燃阻化剂主要从吸水和隔氧等方面进行物理阻化,存在着阻化率较低的缺陷。随着对煤炭自燃机理的进一步认识,目前阻断煤炭自燃有效反应途径的化学阻化剂成为研究的前沿领域。Taraba 等[140]利用C80微量量热仪测试了十四种不同的有机和无机阻化液对煤炭自燃的抑制作用,结果发现尿素对煤炭自燃的抑制效果达到 70% 以上。在深入研究煤炭自燃自由基反应过程的基础上,从抑制自由基链式反应的角度出发,Wang 等[141]选择了儿茶素和PEG-200作为煤炭自燃的阻化剂,进行了煤自燃的化学阻化研究,并通过煤氧化过程中的微观官能团的结构变化证明了其对煤自燃的阻化作用效果。Ma 等[142]进行了丙烯酸和抗坏血酸的复合阻化剂对五种不同煤样的持续阻化作用研究,认为该复合型阻化剂具有消除堆积热量和抑制自由基链式反应过程的特点。Raymond 等[143]用无机磷酸盐和磺酸盐与阴离子和非离子表面活性剂共混物处理煤,研究了目标化合物的热重特性,结果表明新配方可显著提高煤的热解和氧化的起始温度。Qin 等[144]研究了一种超吸收性水凝胶-抗坏血酸复合抑制剂对煤炭自燃的抑制作用,实验发现复合型阻化剂处理煤样的 CO 释放量以及低温氧化中的氧气消耗量均远低于原煤,同时阻化后的交叉点温度明显上升,说明该型阻化剂能够有效地抑制煤炭自燃的发生。Zhong 等[145]选择螯合钙-原花青素-凹凸棒石复合抑制剂作为抑制煤氧化的添加剂,对煤样 CPT、低温氧化耗氧量、CO 产生量的测定均表明,该复合抑制剂使煤的氧化速度减慢,起到了清除自由基、保持煤的水分的作用。在我们之前的研究中[146],从抑制和猝灭活性自由基的角度,六种不同的抗氧化剂(自由基吸收剂、自由基猝灭剂、金属离子螯合剂、氢过氧化物分解剂、增效剂和氧清除剂)被选择进行煤自燃的阻化研究,并取得了良好的阻化效果。以上研究促进了煤炭自燃的预防和治理,然而在上述研究中,煤的有机活性分子结构并未改变,阻化的机理在于降低了煤在氧化反应中产生的活性自由基浓度。一般认为,在煤的低温氧化过程中这些活性自由基的产生需要较高的温度,这也意味着此类阻化剂在一定的温度下才能发挥一定的阻化性能,这明显不利于煤炭自燃的预防工作;同时上述化学有机阻化剂还存在着高温分解的特性,这使得其作用范围和效果更加局限。如果能够在常温条件下减少煤中的活性物质或者降低其分子结构的活性,势必能够在低温氧化过程中保持很高的阻化作用,以达到抑制煤炭自燃发生的目的。

1.3　拟解决的关键问题

结合上述国内外研究现状,虽然近年来煤炭自燃的研究取得了很大进步,但是目前对涉及的受热分解煤体煤炭自燃反应机理的研究不足,存在着三个关键问题:

(1)受热分解煤体活性位点的产生及其对煤低温氧化过程的影响

煤的低温氧化过程中同时存在着活性基团的氧化和不稳定结构的分解过程,目前在煤炭自燃机理的研究过程中,大量文献往往从煤中活性物质氧化的角度出发对煤自燃特性进行研究,而忽视煤中不稳定结构的受热分解对后续氧化过程的影响。事实上,煤中羧基和羰基等不稳定的弱键含氧官能团会在一定温度下发生受热分解并导致活性位点的大量产生。生产实践表明,受热分解煤体煤炭自燃危险性会明显增强,伴随官能团受热分解产生的活性位点对煤炭的低温氧化过程有着重要影响。因此,受热分解煤体活性位点的产生及这一过程对煤低温氧化过程的影响是受热分解煤体煤自燃研究过程中拟解决的关键问题之一。

(2)活性位点的本质属性及产生动力学特性

受热分解煤体受热分解过程中伴随气体产物的生成会形成大量的活性位点,这些活性位点被认为能够加速煤炭自燃的发生。然而现有的文献对活性位点的介绍较少,对活性位点的组成和结构、物理和化学性质的认识较浅,需要借助先进的仪器设备对活性位点的本质属性进行深入分析。此外,有关活性位点产生的相关参数,如化学反应速率、反应活化能等动力学参数等,相关的理论和实验研究较少。因此,活性位点本质属性和生成反应动力学特性同样是本课题研究过程中拟解决的关键问题之一。

（3）受热分解煤体活性位点与官能团之间的转化关系

煤中的含氧官能团在受热分解过程中能够产生大量的活性位点，说明含氧官能团能够在热的作用下向活性位点进行转化。大量研究者同样发现，在煤的低温氧化过程中也伴随着大量活性官能团的变化，如甲基、亚甲基等烷基官能团的减少以及低温氧化后期羧基和羰基等含氧官能团的快速增加等。煤的低温氧化过程被认为与官能团的演化休戚相关，活性位点在低温氧化过程中能否向活性官能团进行转化同样值得深入研究。若能得到活性位点产生和氧化过程中的官能团变化规律，进一步分析和建立活性位点与活性官能团之间的转化关系，将对受热分解煤体煤自燃过程机理的揭示具有重要意义。因此，受热分解煤体活性位点与官能团之间的转化关系同样是本课题研究过程中拟解决的关键问题之一。

1.4 研究目标、内容及技术路线

1.4.1 研究目标

本书以生产实际过程中发现的受热分解煤体更易自然发火这一问题为研究背景，以拟解决的关键科学问题为导向，结合目前对受热分解煤体煤自燃机理及相关氧化反应过程研究的不足确定了针对性的研究内容，旨在通过具体的实验达到以下研究目标：

（1）阐明受热分解煤体相比原煤更易自燃的内在机理，找到导致受热分解煤体自发氧化放热的初始热量来源。

（2）借助相应气体产物的释放规律确定受热分解煤体活性位点的产生和氧化规律，建立活性位点产生的动力学过程。

（3）揭示活性位点的本质属性，建立受热分解煤体低温氧化过程中含氧官能团与活性位点之间的相互转化关系。

1.4.2 研究内容

（1）受热分解煤体煤自燃特性及活性位点的氧化特性研究

分析煤样在热解前后的物理和化学特性变化；利用低温氧化实验平台进行原样和受热分解煤样的低温氧化特性比较，找到受热分解煤样更易自燃的原因；通过气体氧化产物的产生浓度、氧气的消耗速率、煤样中心温度变化，对比分析煤化程度、热解温度、煤样粒径、热解-常温氧化次数以及氧气浓度等多因素条件下受热分解后煤样的高温和常温氧化过程；研究受热分解煤体活性位点的产生和常温氧化对煤炭自燃的影响机制。

（2）受热分解煤体活性位点的生成规律及产生动力学

利用改进后的恒温流动反应器进行煤样的低温热解研究，对比分析煤化程度、热解温度、煤样粒径等多因素条件下煤样恒温热解过程中的气体产生规律；通过热解过程中气体产物的生成规律推导含氧官能团受热分解过程中活性位点的产生规律；根据热解过程中气体产生规律进行两种气体产物生成的动力学分析，求解气体产生活化能；采用热分析的实验方法进行活性位点产生的表观动力学分析，计算活性位点产生的动力学三因子。

（3）煤中羧酸碱金属结构对受热分解煤体活性位点产生的影响

利用离子交换法通过碱处理方式向煤中引入碱金属元素,测试碱处理样品溶出物和处理后煤样的元素和化学结构变化;研究碱金属元素引入后煤样的恒温热解过程及热解后的常温氧化过程,分析羧酸碱金属结构对活性位点产生的影响;设计煤样的酸洗、碱处理、二次酸洗实验,对比分析各处理方式对煤中碱金属元素、热分析参数以及对活性位点产生和氧化过程的影响,揭示羧酸碱金属对活性位点产生的影响机制。

（4）活性位点的本质属性及受热分解煤体的煤自燃机制

从现有的文献出发分析活性位点的结构和性质;利用原位红外光谱分析煤在热解及氧化过程中官能团变化规律;利用电子顺磁共振仪器分析煤在热解及氧化过程中自由基变化规律;分析自由基、活性位点以及含氧官能团三者之间的联系,揭示活性位点和活性官能团之间的相互转化过程;借助量子化学模拟软件构建煤中可能存在的自由基,计算其氧化反应动力学以及热力学参数;确定活性位点的本质属性,根据活性位点的氧化放热以及氧化过程中气体产物释放情况推导出受热分解煤体煤自燃机理。

1.4.3　研究技术路线

根据本书的研究内容,该课题主要采用理论分析、实验研究与分子动力学模拟三者相结合的研究方法以达到预计的研究目标。具体的技术路线如图 1-1 所示。

图 1-1　本书具体研究技术路线

2 受热分解对煤体物化特性和自燃特性的影响

大量的研究发现受烘焙干燥、火成岩侵蚀以及火灾发展等影响后的受热分解煤体相比原煤更容易发生自热和不可控自燃。这些煤体在受热过程中都不可避免地发生煤体缺氧或者无氧条件下的热解过程,并产生一系列的物理和化学性质变化。为了深入研究这些受热分解过程对煤炭自燃的影响,实验选择四组煤样并进行了煤样热解前后孔隙、比表面积等物理特性测试以及元素、官能团结构等化学特性测试,同时进行了煤样低温热解过程对后续氧化过程的影响研究,分析了受热分解后煤体更易自燃的内在原因。

2.1 煤样选择与实验装置

2.1.1 煤样选择与制备

选择四组不同变质程度的煤样,煤样分别来自内蒙古乌兰哈达煤矿、内蒙古补连塔煤矿、陕西大佛寺煤矿和安徽口孜东煤矿。采集工作面新暴露煤样,用保鲜膜密封后带回实验室进行破碎、研磨、筛分至不同的粒径($0.150 \sim 0.180$ mm, $0.125 \sim 0.150$ mm, $0.075 \sim 0.125$ mm和<0.075 mm),并保存在密封瓶中备用。除特殊要求外,使用前一般需将煤样在40 ℃真空条件下(真空度0.08 MPa)干燥48 h,以尽可能除去其表面水分。四组煤样的工业分析数据如表2-1所示。

表 2-1　四组煤样的工业分析结果和煤种

编号	煤样	工业分析结果				煤种
		$M_{ad}/\%$	$A_{ad}/\%$	$V_{ad}/\%$	$FC_{ad}/\%$	
WL	乌兰哈达煤样	10.37	13.26	35.56	40.81	次烟煤
BLT	补连塔煤样	7.31	5.52	37.42	49.75	次烟煤
DFS	大佛寺煤样	6.35	7.74	29.65	56.26	烟煤
KZD	口孜东煤样	1.94	13.21	24.56	60.29	烟煤

2.1.2 实验装置

实验装置由气体供应系统、程序升温装置和色谱分析装置三个部分构成(图2-1)。其中气体供应系统由空气气瓶、氮气气瓶及转换阀组成,所有使用的气体均由徐州市特种气体厂供应。在气体供应系统中,供气钢瓶与煤样罐的气体管路尺寸为$\phi 2$ mm×5 m,其中管路在升温炉内部预热长度为 3 m,气体流量通过数显气体流量计控制。升温炉为 RH-2000 型程序升温炉,升温范围为 0～300 ℃,精度 0.1 ℃,温度控制误差在 ±0.2%。将制得的煤样 40 g 放入升温炉内的煤样罐(圆柱形,10 cm×φ5 cm)中,煤样罐的上下两侧添加少许石棉以防止气路堵塞。在煤样罐的几何中心安装铠装热电偶(测量范围 0～300 ℃,精度 0.01 ℃,误差±0.5%),通过测量煤样中心点的温度(煤心温度)来反映煤样的温度变化。将煤样罐出口与色谱分析装置相连接,色谱分析装置为 FULI-9790 型色谱分析仪,有三个通道可同时分析 CO、CO_2、O_2、CH_4、C_2H_4、C_2H_2、C_3H_8 等多种气体组分。实验过程中每隔一段时间进行测气,并根据峰图面积计算 CO、CO_2 和 O_2 浓度。实验开始前需要进行标准气体的标定,待两次实验误差小于 0.5% 方可进样。通过调节预设温度、升温速率、流量计及转换阀门,仪器可完成不同预设温度、不同升温速率、不同气体流量等变量条件下煤样的热解、氧化、热解-氧化实验。

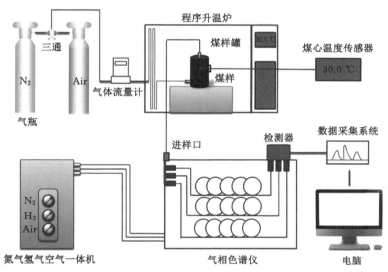

图 2-1 煤样热解/氧化实验装置图

2.1.3 受热分解煤样的制备

煤体的受热分解过程也称为低温热解过程,为了模拟煤样的这一受热分解过程,实验利用图 2-1 所示的装置进行了 200 ℃ 条件下煤样的热解实验。分别将粒径< 0.075 mm 的四组煤样放入煤样罐中,将供气气路与氮气钢瓶相连,控制气体流量 50 mL/min,仪器升温速率 8 ℃/min,达到预定温度并保持 5 h 后降至常温得到的煤样作为本次实验中的受热分解煤样。

2.2 煤样受热分解前后的物理特性分析

煤样在受热分解过程中不可避免会发生表面形貌特征、孔隙和比表面积等的变化,实验采用扫描电子显微镜和低温氮吸附仪对受热分解前后煤样的物理结构变化进行了分析。

2.2.1 煤样受热分解前后的扫描电镜分析

煤样在受热条件下无疑伴随着热的物理破坏过程,为了研究这一热破坏对煤体裂隙发育的影响,进行了电镜扫描实验。电镜扫描技术利用细聚焦电子束轰击待测样品表面,通过产生的二次电子及背散射电子等对样品表面进行观察和分析。电镜扫描实验在中国矿业大学现代分析与计算中心进行,实验仪器为美国 FEI 公司生产的 Quanta 250 型扫描电子显微镜。该扫描电镜的具体参数如下:加速电压为 0.2~30 kV;真空模式分辨率≤3.5 nm;放大倍数为 6~100 万倍。将处理前后的煤粉固定在导电纸上并进行喷金处理,将处理后的煤样分别放大 500、1 000、3 000 倍,热解前后煤样的电镜扫描图像如图 2-2 所示。

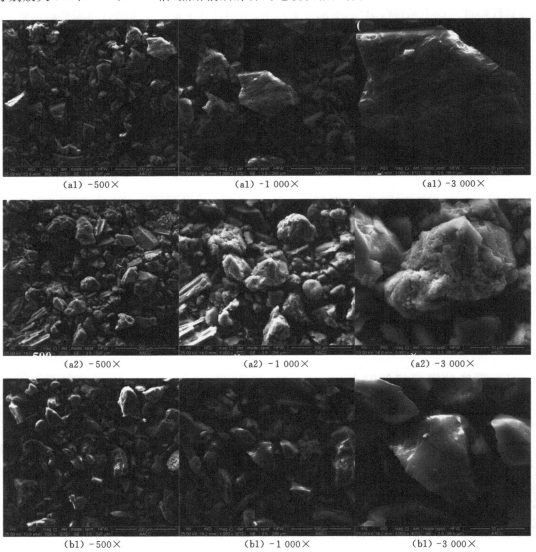

(a、b、c、d 分别代表 WL、BLT、DFS、KZD 四组煤样;1、2 分别代表原煤和热解后煤样)

图 2-2 四组煤样热解前后的形貌特征变化

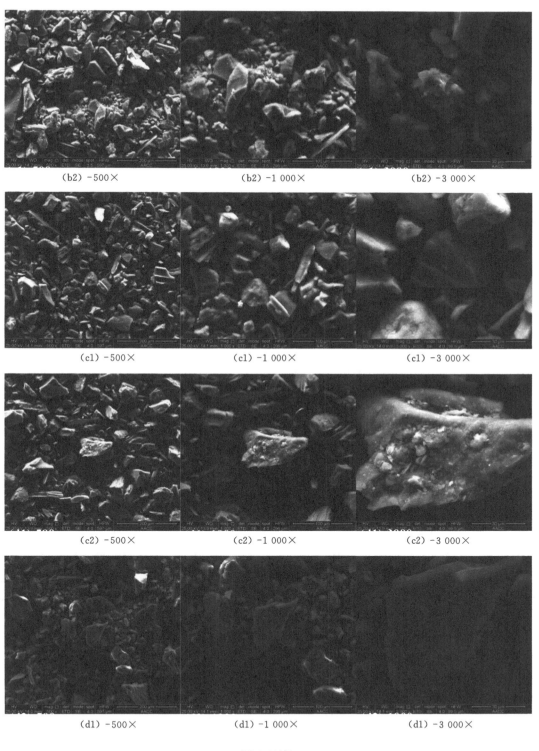

(b2)-500×   (b2)-1 000×   (b2)-3 000×

(c1)-500×   (c1)-1 000×   (c1)-3 000×

(c2)-500×   (c2)-1 000×   (c2)-3 000×

(d1)-500×   (d1)-1 000×   (d1)-3 000×

图 2-2(续)

(d2) -500×　　　　(d2) -1 000×　　　　(d2) -3 000×

图 2-2(续)

由图 2-2 可以明显看出相比原煤样,热解后煤样发生了明显的变化。原煤样在不同放大倍数下仍然可以看到较为平滑的表面物理结构,煤颗粒表面的孔隙并不发育。而相同倍数下的热解后煤样可以明显看到发育的孔隙和碎片,这些孔隙和碎片无规则分布在颗粒表面,使煤体表面凹凸不平,这导致在 SEM 测试过程中光的亮度更高。热解前后煤样的表面特征说明煤样在受热过程中发生了热破坏。这一现象产生的原因在于:一方面煤体升温使得煤中的水分蒸发,在毛细力的作用下孔隙发生变形坍塌破坏;另一方面由于煤中化学键的断裂,热解产生了较多的气体产物,如 CO、CO_2 等,这些气体分子在逸散过程中同样造成大面积气孔的出现。

2.2.2　煤样受热分解前后的氮吸附实验

由热解前后煤样的电镜扫描实验可以看出煤样的表面孔隙发生了明显的变化,但这一观测范围主要集中在微米级别的大孔。为了进一步观察受热过程对孔隙及比表面积的影响,进行煤样的氮吸附实验。低温氮气吸附法是利用氮气作为一种惰性吸附气体在液氮温度下(77 K)进行的,将煤样干燥脱气后通过改变不同的压力得到氮气等温吸脱附曲线,并选择不同模型计算煤样的孔径、孔隙、比表面积等参数[147-149]。实验选择 V-Sorb 4800P 型分析仪进行热解前后煤样的比表面积及孔径测试。该仪器可同时完成吸附及脱附等温线测定,BJH 法介孔分析-总孔体积及孔径分布分析,BET 法比表面积测定(单点及多点)等。仪器的测试方法为氮吸附静态容量法;可以分析测试 0.01 m²/g 以上的比表面积,0.35～2 nm范围内的微孔以及 2～400 nm 的中孔;测量重复性误差小于 1.5%。采用多点 BET 及 BJH法进行分析测试,得到四组煤样热解前后低温氮气吸脱附曲线,如图 2-3 所示。

四组煤样,无论是原煤还是热解后煤样均可以发现曲线特征为典型的Ⅱ型等温吸附线。吸附线在较低的相对压力条件下由于单分子层向多分子层的过渡呈现出上凸形缓慢上升的趋势,然后随着相对压力的增加由于较大孔内的毛细凝聚现象曲线急速升高。整个过程汇总未出现吸附饱和的现象,这也说明上述测试的几组煤样除了微孔同样存在中孔和大孔,煤样热解前后均具有连续完整的孔系统。对比同一煤样等温吸脱附曲线可以看出,相同压力下脱附曲线出现明显的滞后现象,形成滞回环,这主要是由于脱附过程伴随着毛细凝聚现象的消除。多孔介质的比表面积主要来源于小孔,这导致相同压力条件下脱附量低于吸附量,

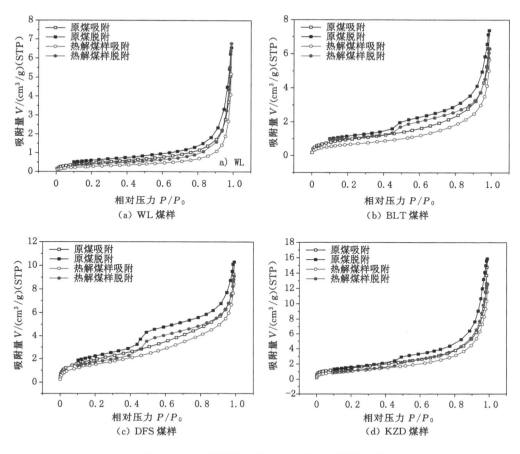

（a）WL 煤样 （b）BLT 煤样

（c）DFS 煤样 （d）KZD 煤样

图 2-3 四组煤样热解前后低温氮气吸脱附曲线

造成了脱附曲线处于吸附曲线之上的现象。上述煤样的滞回环均出现在相对压力 0.45 以上的区间，这说明这一压力范围内出现了毛细凝聚现象。与此同时，除 WL 煤样外，其余三种煤样的等温脱附曲线都出现不同程度的突变点，产生这一现象的原因可能是煤结构存在较多的细径瓶形孔。

图 2-4 为四组煤样热解前后的孔径分布及累计孔体积曲线。从图中数据可以看出四组煤样在处理前后的孔径主要分布在 1～10 nm 范围内，且变质程度越高的煤体微孔越多，相应的孔体积越大。对热解前后的同一煤样而言，WL 煤样热解后的微孔明显增加，而中大孔有所减少；其他三种煤样在热的作用下孔分布曲线较原煤明显降低，降低的范围也主要发生在 1～10 nm 范围内。变质程度较低的 WL 煤样与其他三种煤样之间存在较大的差异，导致这一现象发生的原因可能在于煤物理结构的不同。WL 煤样的热解产生大量的热解气体产物导致了微孔的增加，其他三组煤样由于水分和气体的逸出可能导致孔壁坍塌。根据低温氮吸附法得到煤样在热解前后的比表面积、内表面积、孔体积及孔径等参数，如表 2-2所示。

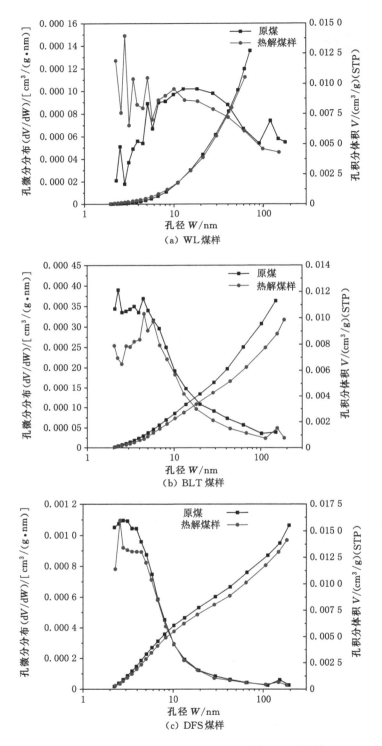

（a）WL 煤样

（b）BLT 煤样

（c）DFS 煤样

图 2-4 四组煤样热解前后的 BJH 孔径分布和累计孔体积

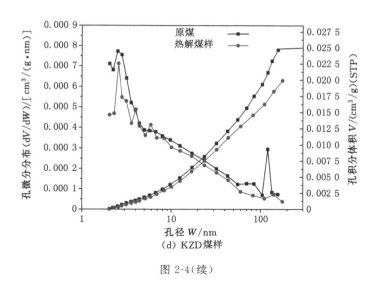

（d）KZD煤样

图 2-4（续）

表 2-2　热解前后煤样的比表面积、内表面积、孔体积及孔径

煤样	BET 比表面积 /（m²/g）	BJH 吸附内表面积 /（m²/g）	BJH 孔体积 /（cm³/g）	平均孔径 /nm
WL 原煤	1.712 9	1.540 7	0.012 7	23.513 0
WL 热解煤样	1.019 2	0.947 2	0.010 5	36.022 4
BLT 原煤	3.510 0	2.955 1	0.011 3	11.199 4
BLT 热解煤样	2.451 0	2.398 5	0.009 7	11.522 7
DFS 原煤	7.277 0	6.149 7	0.015 5	7.034 97
DFS 热解煤样	5.729 5	5.547 4	0.014 1	7.231 8
KZD 原煤	5.468 0	5.313 5	0.024 7	13.681 67
KZD 热解煤样	3.978 5	4.535 6	0.019 9	13.897 07

　　由表 2-2 中数据可以发现，对不同煤样而言，煤样的比表面积和内表面积随着煤样变质程度的增加而增大。对四组煤样热解前后的相关孔径和比表面积的变化规律进行分析，四组煤样在热解后 BET 比表面积、BJH 吸附内表面积和 BJH 孔体积均出现明显的降低，而平均孔径则出现不同程度的增加。导致这一现象的原因很可能在于煤体进行氮气条件下的高温加热过程中，水分的蒸发以及气体的逸出造成孔壁坍塌破坏，使得部分小介孔向大孔转化。这一观点同样可以通过热解前后 SEM 图像得到的煤样表面形貌特征加以佐证。比表面积的大小在一定程度上反映煤吸附气体能力的强弱，因此可以得出煤样低温热解后的物理结构变化限制了煤样对水和氧气的吸附，并不利于煤对氧气的物理吸附和相应氧化反应发生的结论。

2.3 煤样受热分解前后的化学特性分析

煤样热解过程中的热损伤效应不仅能够导致煤样物理结构的变化,同样在热的作用下也会发生某些化学键的断裂和新化学键的形成,并伴随气体及热量的释放以及官能团结构的变化等。这些结构的变化与后期煤炭的氧化过程密切相关,因此设计了小角度 X 射线衍射(XRD)、傅里叶变换红外光谱(FTIR)、X 射线光电子能谱分析(XPS)等实验,对热处理过程中煤样的化学结构变化进行了系统研究。

2.3.1 煤样受热分解前后的微晶结构分析

为了分析原煤及热解后煤样化学结构演化特征,尤其是煤样的矿物组分及微晶结构等特征参数变化规律,进行了相关煤样的小角度 X 射线衍射实验。测试仪器选用德国 Bruker 公司生产的 D8 Advance 型 X 射线衍射仪,实验电压 40 kV,电流 30 mA,铜靶为阳极靶材料,Kα 辐射。设置测角仪半径为 250 mm,狭缝系统为 DS 0.6 mm、SS 8 m,Ni 滤片滤除 Cu-Kβ 射线,检测器开口为 2.82°,入射侧与衍射侧索拉狭缝均为 2.5°。使用检测器为 LynxEye 探测器,设置采样扫描速度为 0.07~0.2 s/step,采样间隔为0.019 45°(step),测试角度范围为 3°~70°。实验前需要将待测煤样粒度磨成 325 目以下的细粉,测试得到的热解前后煤样的衍射图谱及相应的物相分析结果如图 2-5 所示。

由不同煤样的谱图物相分析同样可以发现,不同煤样所含有的无机矿物种类不同,其中 WL 和 KZD 煤样检测出较多的无机矿物,而 BLT 和 DFS 煤样所含的矿物种类则相对较少。另外,煤样的无机矿物含量也存在较大的不同,其中 WL 和 DFS 煤样含有较多的石英,BLT 煤样含有较多的方解石,而 KZD 煤样的地开石含量较高。对同一煤样热解前后的物相分析可以发现,热处理对煤中的无机矿物的种类影响不大,两种方式下煤样的峰位归属基本相同,煤中的无机物含量由于温度、水分等的影响部分峰高存在一定差异。从物相分析结果可以得出,煤中的矿物组分比较稳定,较难发生分解等化学变化。

除了进行煤中的无机矿物组分的物相分析之外,实验利用小角度 X 射线衍射进行了相

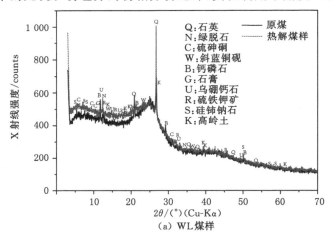

(a) WL煤样

图 2-5　四组煤样热解前后的 XRD 衍射图像及无机矿物变化情况

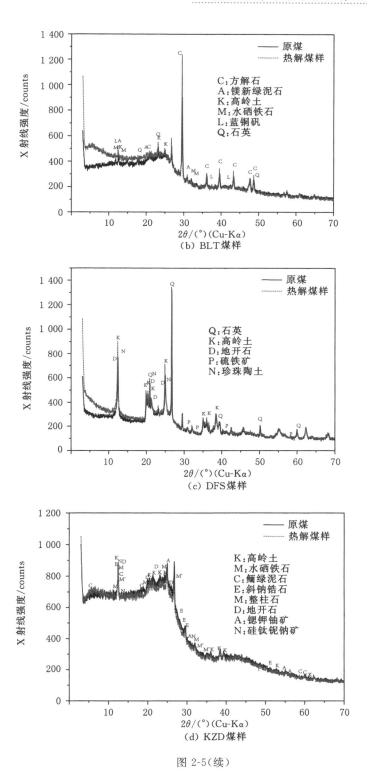

（b）BLT煤样

（c）DFS煤样

（d）KZD煤样

图 2-5（续）

关煤中碳的晶格参数的分析,煤中芳香微晶结构的内层间距 d_{002}、延展度 L_a、微晶高度 L_c 以及芳环结构片层数 M 等数据可以根据修正后的衍射图用经验布拉格方程和薛勒方程确定[25,150-151]。图中 002 峰面积(A_{002})和 γ 衍射峰面积(A_γ)分别正比于芳香族碳和脂肪族碳的数量,可以用式(2-5)来计算样品的芳香度(f_a)。

$$d_{002} = \frac{\lambda}{2\sin\theta_{002}} \tag{2-1}$$

$$L_c = \frac{K_c\lambda}{\beta_{002}\cos\theta_{002}} \tag{2-2}$$

$$L_a = \frac{K_a\lambda}{\beta_{100}\cos\theta_{100}} \tag{2-3}$$

$$M = \frac{L_c}{d_{002}} \tag{2-4}$$

$$f_a = \frac{A_{002}}{A_{002}+A_\gamma} \tag{2-5}$$

其中,λ 为入射 X 射线的波长(Cu 靶,Kα 辐射波长为 1.541 8 Å);θ_{002}、θ_{100} 分别表示 002 及 100 衍射峰对应的布拉格角,(°);β_{002}、β_{100} 分别为 002 及 100 衍射峰的半峰宽,rad;K_c、K_a 是取决于 X 射线反射面的常数,$K_c = 0.89$,$K_a = 1.84$。

在估算非晶态碳的比例和芳香度之前,需对平滑后的衍射图进行高斯曲线拟合,四组原煤煤样的拟合结果如图 2-6 所示(扫描图中二维码获取彩图,下同)。

根据上述高斯分峰结果,得到了 γ、002 及 100 衍射峰相应的详细参数,其中 γ 衍射峰的 2θ 角处于 10°~15°范围内,该衍射峰在一定程度上被认为与煤分子中的脂肪族结构有关。002 衍射峰的 2θ 角处于 20°~30°范围内,该衍射峰在一定程度上被认为与煤分子中的芳香族结构有关。通过分峰拟合数据中衍射峰参数的计算得到了各煤样微晶结构参数、芳香族层的平均数目及芳香度等数据,如表 2-3 所示。

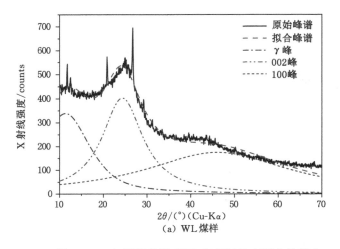

图 2-6　四组原煤煤样 XRD 衍射图的高斯曲线拟合

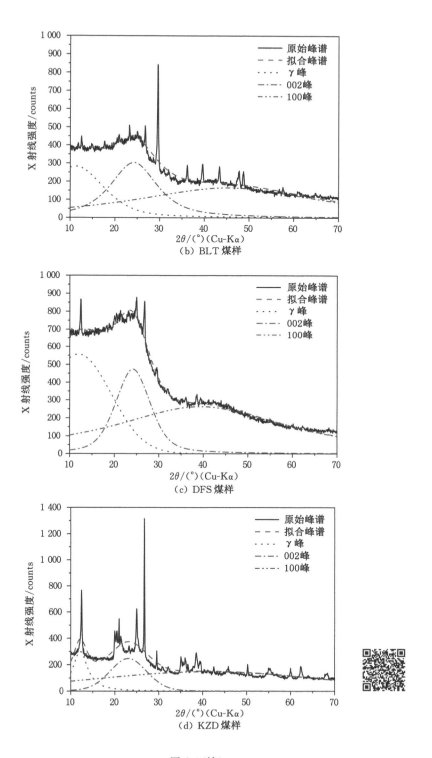

（b）BLT 煤样

（c）DFS 煤样

（d）KZD 煤样

图 2-6(续)

表 2-3　煤样热解前后微晶结构参数

煤样	d_{002} /Å	L_c/Å	L_a/Å	M	f_a
WL 原煤	3.56	10.65	10.18	2.99	0.48
WL 热解煤样	3.57	12.08	11.43	3.38	0.67
BLT 原煤	3.33	10.39	11.45	3.12	0.47
BLT 热解煤样	3.33	12.25	11.70	3.68	0.64
DFS 原煤	3.56	11.98	12.42	3.37	0.62
DFS 热解煤样	3.57	12.83	12.66	3.59	0.75
KZD 原煤	3.56	11.55	12.16	3.25	0.58
KZD 热解煤样	3.56	13.27	12.43	3.72	0.68

从表 2-3 中可以看出,四组煤样随着变质程度的增加,芳香微晶结构的内层间距 d_{002} 变化不明显,然而延展度 L_a、微晶高度 L_c 以及芳环结构片层数 M 等参数均出现增加的趋势。此外,对比热解处理前后煤样实验数据可以发现,热解过程同样也导致相关参数的明显增加。因此,通过小角度 X 射线衍射对煤中碳的晶格参数的分析,可以得到热解过程在一定程度上促进了煤的缩合反应。

2.3.2　煤样受热分解前后的表面官能团结构分析

傅里叶变换红外分析技术因能提供物质的微观结构变化的信息,被广泛地应用到煤低温氧化阶段各官能团(如烷烃、含氧官能团、苯环结构等)的变化研究中[152-154]。为了测量煤中官能团的含量,进行了煤样的红外光谱实验。实验使用德国布鲁克公司 Vertex 80v 型傅里叶变换红外光谱仪,光谱实验采用 KBr 压片法制样。取制得的煤样 0.01 g,按照 1:100 的比例加入 KBr 光谱分析纯,一起放入磨样机内研磨约 10 min 使之充分混合。称取 0.2 g 混合样,均匀铺在直径为 13 mm 的压模中,在 10 MPa 的压力下保持 1 min,压成均匀薄片后进行测谱。仪器测量的波数范围为 400~4 000 cm⁻¹,扫描频率为 16 Hz。每次实验前均采集空白背景,对测试得到的数据进行平滑处理,并进行光谱基线的修正。实验得到四组原煤样以及 200 ℃条件下热解煤样的红外光谱,如图 2-7 所示。

可以根据吸光度曲线得到煤中各主要官能团的峰位归属。其中 3 000~3 500 cm⁻¹ 为羟基的主要归属峰范围,2 800~3 000 cm⁻¹ 对应烷基的峰位区间,1 500~1 800 cm⁻¹ 则主要是羧基和羰基等含氧官能团结构归属峰范围。具体的煤中主要官能团峰位归属如表 2-4 所示,需要指出的是,煤作为一种复杂的混合物,由于某些元素或者基团之间的相互作用,如氢键效应、共轭效应、诱导效应的作用,某些基团的振动频率会发生一定的位移[100,155-157]。

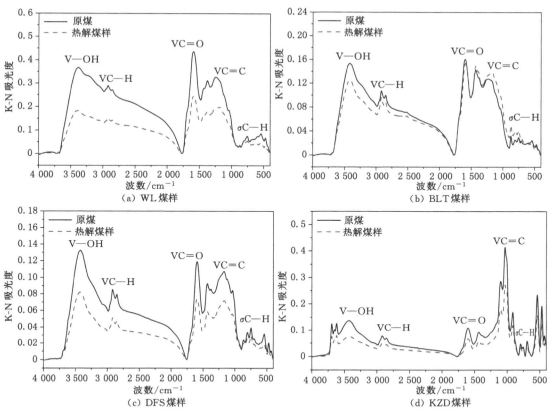

图 2-7　四组煤样热解前后的红外光谱曲线

表 2-4　煤中主要官能团的峰位归属

波数/cm^{-1}	峰位归属
3 380	O—H 伸缩振动
3 000～3 100	芳香族 C—H 伸缩振动
2 800～3 000	烷基 C—H 伸缩振动
2 205	炔烃,烯烃结构（C=C=C）
1 766	酯或酸酐基团
1 710	羧基（C=O）
1 651	醌类（C=O 高度共轭羰基的拉伸）
1 612	芳香族（C=C）
1 562	羧酸盐组（COO$^-$）
1 440	芳香族 C=C 伸缩振动
1 375	芳香族和脂肪族—CH$_3$弯曲振动
1 285	芳醚 C—O 拉伸,—COOH 或—COH 的 C—O 拉伸/O—H 变形
1 151	C—O—C,酚醛变形,醚
870,710	芳香的平面外变形振动

从图 2-7 中可以看出,热解后煤样相比与原煤活性官能团发生了明显的变化,其中羟基、烷基及羧基的峰位归属区域峰值强度均明显降低。其中,羟基波数段吸收峰的降低可能是受煤中水分蒸发的影响,而烷基及羧基结构的降低则主要归因于高温条件下的受热分解。为了更为准确地表述煤中活性官能团的变化趋势,利用 PeakFit 软件进行了官能团的分峰拟合处理。其中羟基受到水分的影响较大,在此不进行讨论。根据前人的研究成果,一般将煤样的光谱曲线分为两段:一个是 1 500~1 850 cm^{-1} 峰段,此光谱段主要为羧基和羰基的特征吸收峰;另一个为 2 800~3 000 cm^{-1} 峰段,为烷基的吸收波段。利用两个端点的连线作为基线,采用 Lorentz/GaussArea 模式进行分峰。

图 2-8 为 WL 煤样含氧官能团和烷基官能团分峰后的特征峰峰位归属图。其中 2 800~3 000 cm^{-1} 波段分为五个峰,分别对应甲基反对称伸缩振动和亚甲基反对称伸缩振动(~2 964 cm^{-1} 和~2 922 cm^{-1}),甲基对称伸缩振动和亚甲基对称伸缩振动(~2 870 cm^{-1} 和~2 850 cm^{-1}),以及次甲基振动(C—H)(~2 898 cm^{-1})。1 500~1 800 cm^{-1} 波段分为 7 个峰,分别对应羧基和奎宁等羰基结构归属峰(C=O)(1 750~1 650 cm^{-1}),其中 1 738 cm^{-1} 附近为脂肪酸酯,1 708 cm^{-1} 附近为芳香羧酸,1 678 cm^{-1} 附近为酮类;苯环碳碳键(~1 610 cm^{-1});酯或酸酐基团(~1 766 cm^{-1});羧基(C=O)(~1 710 cm^{-1});醌类(C=O 高共轭羰基的伸缩振动,~1 651 cm^{-1});羧酸盐(1 562 cm^{-1} 附近)。

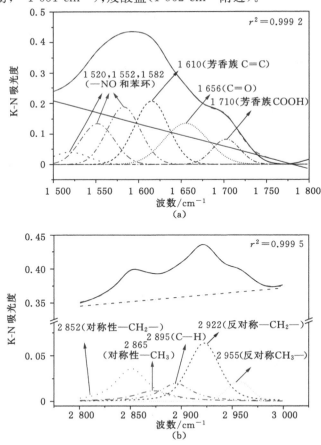

图 2-8　煤样红外光谱的含氧官能团和烷基区间的分峰拟合示意图

从这两个区域红外光谱的分峰拟合结果出发,对这两个区域内的脂肪族氢和含氧官能团等变化进行半定量分析,这其中煤中 C=C 双键较为稳定,能够在很高的温度保持稳定,可作为比较基准。根据各官能团的峰面积比值,并结合相关文献[63,100,158-159],定义的相关参数及参数含义如下:

① CH_3/CH_2:($2\,955/2\,922\ cm^{-1}$)代表着脂肪链长度,比值越大脂肪链越短;

② $C=O/C_{ar}$:($1\,650\sim1\,750/1\,610\ cm^{-1}$)代表羰基基团变化,比值越小羰基官能团分解越明显;

③ $COOH/C_{ar}$:($1\,710/1\,610\ cm^{-1}$)代表羧基基团变化,比值越小羧基官能团分解越明显;

④ $C_{ar}/(COOH+C_{ar})$:($1\,710/1\,600+1\,710\ cm^{-1}$)芳香碳与羧基的比例是研究煤有机质成熟度的合适指标,因为该比例结合了芳构化和氧脱除这两个指标,值越大说明煤炭提质效果越好。

表 2-5 为热解前后四组煤样主要活性官能团的半定量分析数据。对比不同原煤的数据可以发现随着煤样变质程度的增加,烷基侧链长度逐渐减小,含氧官能团含量降低,这与实际情况相一致。煤样的变质程度越高,煤中的缩合度也越大,导致芳香度增加。对比热解前后煤样的相关参数变化可以发现,热解后煤样的烷基侧链变短,羧基和羰基等官能团的含量明显降低,同时在煤样的热解过程中伴随着烷基侧链的减少和含氧官能团含量的降低,煤的芳香度及成熟度有所提高。其中羧基和羰基等含氧官能团降低的原因已经有合理的解释,一般认为是由于这些键能较小官能团的受热分解,而热解过程中烷基侧链变短的原因相关研究较少,可查阅的文献较少。Tahmasebi 等[156]曾对氮气干燥后褐煤中烷基侧链消失的原因进行分析,其认为链变短的原因在于亚甲基的消失,煤中芳香族亚甲基结构转化为芳香族环。然而由于烷基结构的稳定性,煤在较低的温度下能否发生烷基键断键以及缩聚成环仍值得深入探讨。

表 2-5 煤样热解前后烷基和含氧官能团变化的半定量分析数据

煤样	CH_3/CH_2	$C=O/C_{ar}$	$COOH/C_{ar}$	$C_{ar}/(COOH+C_{ar})$
WL 原煤	0.15	1.18	0.35	0.74
WL 热解煤样	0.23	0.93	0.23	0.81
BLT 原煤	0.14	1.14	0.43	0.70
BLT 热解煤样	0.16	0.99	0.38	0.73
DFS 原煤	0.22	0.98	0.14	0.88
DFS 热解煤样	0.26	0.76	0.10	0.91
KZD 原煤	0.33	0.66	0.16	0.86
KZD 热解煤样	0.35	0.58	0.11	0.90

2.3.3 煤样受热分解前后的表面元素和官能团分析

原位红外光谱的测试能够较为直观地呈现煤中所含的官能团的种类和分布,但这一方法受仪器参数、水分、分峰方法等的干扰较多。因此本节中选择了更为可靠的 X 射线光电子能谱分析(XPS)对煤表面的元素、含氧官能团及相对含量进行研究,以期获得更为精准的实验数据。X 射线光电子能谱分析是一种表面分析方法,其利用 X 射线对样品进行辐射,从而使分子或原子的芯电子或价电子受激发射出来,通过测定电子的结合能,可得到待测样品表面的化学性质及组成[153,160-162]。实验进行了四组煤样热解前后的 XPS 分析测试,实验使用中国矿业大学现代分析与计算中心 ESCALAB250 型 X 射线光电子能谱仪,设置实验参数分别为 Al K alpha 阳极,束斑尺寸 900 mm。分别对待测煤样进行了宽扫(0~1 350 eV)和 C 元素的窄扫(525~545 eV)。实验得到四组煤样热解前后电子信号强度随电子结合能的宽扫结果。

图 2-9 为热解前后四组煤样的宽扫电子能谱图,根据煤样的全谱结果可以得到各煤样中所含的元素种类。根据图中的吸收峰值强度以及仪器的相关参数可以得到元素及其对应含量,如表 2-6 所示。

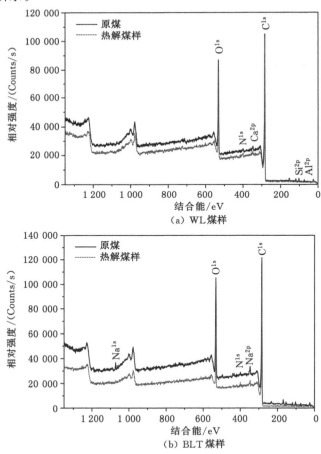

图 2-9 四组煤样热解前后的电子能谱图

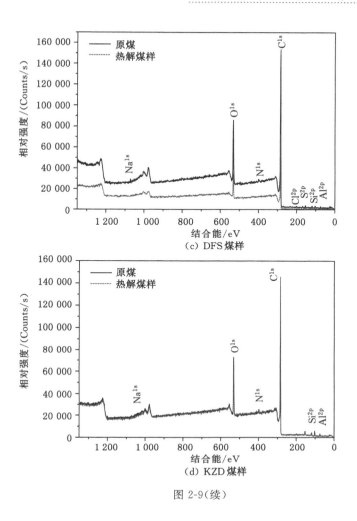

图 2-9（续）

表 2-6　煤样热解前后元素含量变化的 XPS 分析结果

煤样	元素含量/%							
	C^{1s}	O^{1s}	Si^{2p}	Al^{2p}	N^{1s}	S^{2p}	Ca^{2p}	Na^{1s}
WL 原煤	74.18	20.21	1.60	2.62	0.61	—	0.77	—
WL 热解煤样	79.10	15.57	1.69	—	3.11	0.53	—	—
BLT 原煤	70.21	21.48	2.06	1.12	2.27	1.23	1.10	0.53
BLT 热解煤样	78.85	17.11	—	—	2.65	0.40	0.99	—
DFS 原煤	76.16	14.58	2.83	2.66	3.38	0.18	0.21	—
DFS 热解煤样	79.39	13.15	2.46	2.42	2.09	0.23	—	0.26
KZD 原煤	79.72	14.66	0.99	1.26	2.04	0.20	—	0.53
KZD 热解煤样	83.78	13.55	1.20	—	1.08	0.39	—	—

四组煤样均含有 C、O、N、Al、Si 这几种基本元素,其中 BLT 和 DFS 煤样还含有少量的 S 元素。对同一煤样热解前后数据进行比较可以发现,热解后的煤样含氧量明显降低,相对应的碳含量则明显增加。其中 WL 以及 BLT 煤样的碳含量分别增加了 4.92% 和 8.64%,而对应的氧含量降低了 4.64% 和 4.37%。这说明在热解过程中随着温度的升高出现大量氧元素的流失,分析这一现象的原因是以下两个方面综合作用的结果:一方面煤体在加热过程中随着温度的升高,煤表面的大量水分蒸发导致其中氧元素的大量流失;另一方面煤体在受热过程中同样存在某些含氧官能团的受热分解,这使得其中有相当一部分氧元素通过 CO 和 CO_2 等气体产物的形式逸出。

为了对煤中各含氧官能团的相关反应过程进行精细分析,实验同样对含氧官能团所处的位置进行了窄扫。由于煤样属于不导电样品,在测试过程中会产生物理位移,因此分析前需根据 C—C 键的实际结合能(284.8 eV)进行数据的电荷校正。图 2-10 显示了四组煤样在热解前后 C^{1s} 的高分辨率 XPS 谱。其中 C—C/C—H,C—O(醇、酚或醚),C=O(羰基)或 O—C—O(低阶煤),COOH/COONa(羧基)等官能团分别对应的结合能为 284.6 eV、285.4 eV、286.6 eV 和 288.8 eV。

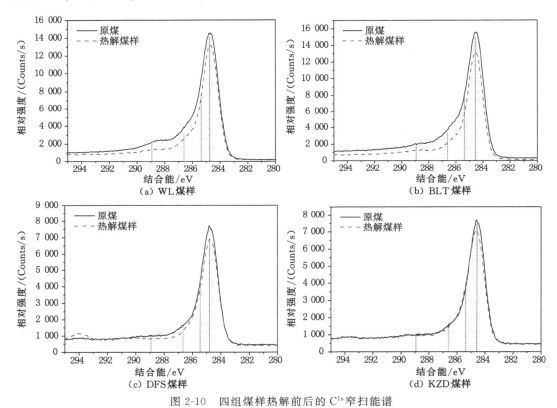

图 2-10　四组煤样热解前后的 C^{1s} 窄扫能谱

为了对 C^{1s} 窄扫范围内各官能团含量进行定量分析,采用 XPSpeak 软件对这一区段的电子能谱进行了分峰拟合,各原煤样的拟合结果示意图如图 2-11 所示。

根据图 2-11 对能谱数据的分峰拟合结果,计算得到煤样在热解前后的各官能团的相对含量,如表 2-7 所示。

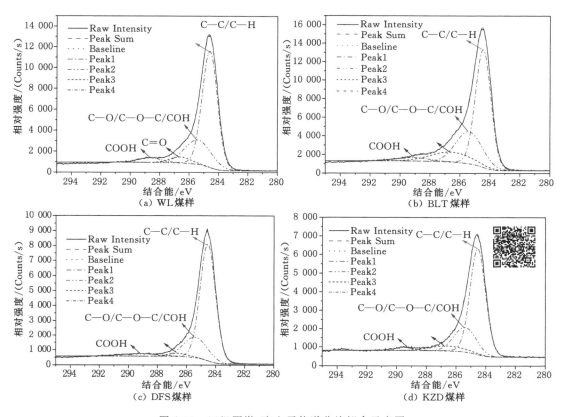

图 2-11　四组原煤 C¹ˢ电子能谱分峰拟合示意图

表 2-7　四组煤样热解前后脂肪族和含氧官能团含量

煤样	C—C/C—H 含量/%	C—O 含量/%	C=O 含量/%	COOH 含量/%	含氧官能团含量/%
WL 原煤	53.06	20.36	16.61	9.97	46.94
WL 热解煤样	65.56	20.21	10.80	3.43	34.44
BLT 原煤	55.41	20.68	17.30	6.61	44.59
BLT 热解煤样	61.92	21.42	12.81	3.86	38.09
DFS 原煤	70.49	21.08	5.64	2.80	29.52
DFS 热解煤样	72.91	21.79	4.03	1.27	27.09
KZD 原煤	71.71	19.34	6.13	2.82	28.29
KZD 热解煤样	73.13	18.78	5.54	2.55	26.87

　　由表 2-7 可知,热解后的煤样中含氧官能团明显减少,且变质程度越低,煤中的各含氧官能团含量越大,其中 WL 原煤中含氧官能团占比 46.94%,包括 20.36% 的 C—O 官能团、16.61% 的 C=O 官能团以及 9.97% 的 COOH 官能团。同时煤中含氧官能团含量越多,其在受热过程中的分解程度也越高,其中 WL 煤样在热解后含氧官能团含量大幅度下降了

12.5%。对比表中的三种含氧官能团数据可以发现，烷氧结构的含量远高于羰基结构，羧基结构的含量最少，但对于三种含氧结构的变化量而言羧基和羰基结构在热解过程中的分解量较多。同时由于含氧官能团的分解作用，其所占百分比出现大幅降低，这也相对应表现为C—C/C—H 等烷基官能团含量的增加。通过煤样的 XPS 测试分析可以得到，煤样在热解过程中含氧官能团结构会大幅度分解，其中变质程度较低的煤样分解的程度更高，因此含氧官能团的受热分解对煤炭自燃的影响值得深入研究。

2.4 受热分解过程对煤炭自燃特性的影响

为了研究受热分解过程对煤炭自燃特性的影响，实验分别进行了原煤样在升温热解和氧化过程中的气体产物对比分析以及原煤样和热解后煤样的低温氧化特性研究。

2.4.1 原煤煤样热解与氧化过程中的气体产物分析

通过前面的物理化学实验分析可以发现，煤样在热解过程中会造成煤中弱键的断裂以及烷基侧链的减少。其中大量的研究认为，煤中含氧官能团尤其是羧基以及羰基官能团能够受热分解产生 CO、CO_2 等气体产物。伴随着煤的低温氧化过程会产生大量的气体产物，而在低温氧化过程中也同时伴随着含氧官能团等活性物质的受热分解过程。为了进一步从宏观气体产物的角度分析热解过程在低温氧化过程中所起的作用，进行了不同气氛条件（空气和氮气）下四组煤样的升温实验。控制气体流量为 50 mL/min，按照 1.0 ℃/min 的升温速率将升温炉从常温加热至 180 ℃。每隔 20 min 记录仪器温度及检测煤样罐出气口气体浓度，得到煤样在低温氧化及低温热解过程中的 CO 和 CO_2 气体生成量，如图 2-12 和图 2-13 所示。

图 2-12 为不同气氛条件下煤在升温氧化和升温热解过程中的 CO 气体产生量随温度的变化曲线。煤样在氧化过程中放热量较大，造成煤样在氧化过程中 CO 浓度远高于煤样的热解过程，这也导致加热至相同温度时氧化所用的时间更少。从图中可以看出，四组煤样在常温下均未发现 CO 气体的产生，且初始 CO 气体的产生温度因煤样的不同而有所不同，一般在 50～70 ℃之间。同时根据氧化和热解过程中的 CO 气体产生量可以发现，两种过程

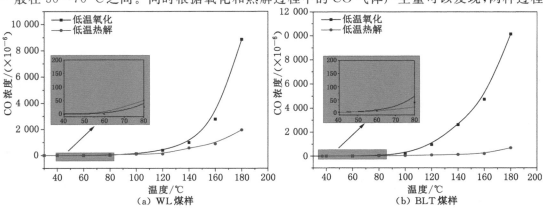

图 2-12　四组煤样在升温氧化和热解过程中 CO 气体产生量比较

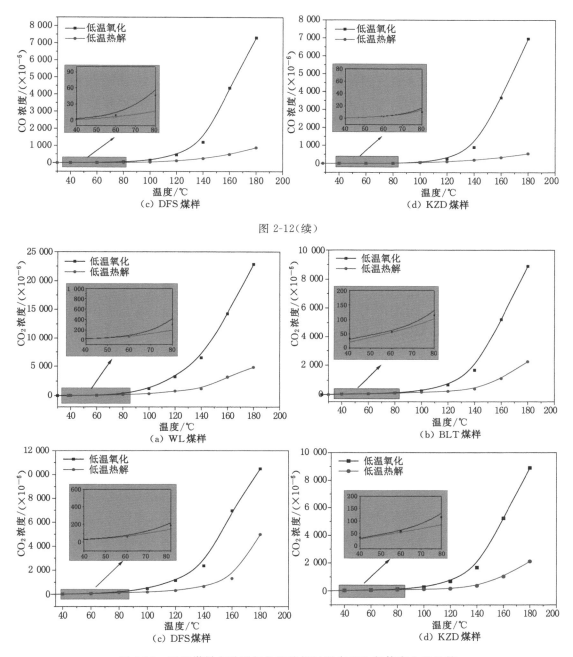

图 2-13　四组煤样在升温氧化和热解过程中 CO_2 气体产生量比较

的气体产生温度大体相同,气体产生量随温度均呈现指数型增加,且随着煤体温度的升高氧化产生的 CO 浓度远高于热解煤样。由前文可知,煤样在低温热解过程中的气体产生主要来源于含氧官能团的受热分解过程,煤样温度的升高加速了含氧官能团的分解速率,从而使得气体产生量呈现指数型增加的趋势。而对于煤样的低温氧化过程,初始阶段 CO 气体变化平缓,其产生量与煤的低温热解阶段的产生量相差不多,但超过 70 ℃之后产生量迅速增加。这说明,在此温度点后煤中不仅存在着含氧官能团的受热分解过程,同时还存在着某些活性物质的氧化过程,且该氧化过程在释放热量导致煤体温度升高的同时会产生大量的 CO 气体产物。

图 2-13 为不同气氛条件下煤在升温氧化和升温热解过程中的 CO_2 气体产生量随温度的变化曲线。与 CO 气体的产生温度不同,CO_2 气体的产生温度相对较低,相同温度下的气体浓度也远高于 CO。同时根据氧化和热解过程中的 CO_2 气体产生量可以发现,两种过程的气体产生量随温度均呈现出指数型增加趋势,且氧化产生的 CO_2 浓度远高于热解煤样。同样在升温的前期,无论是热解还是氧化过程中煤样产生的 CO_2 气体浓度相差不多。一旦超过约 70 ℃之后,氧化产生的 CO_2 浓度便迅速增加,远高于其热解的产生量。与对 CO 的分析结果相似,在一定的温度之后,随着加热温度的升高,煤中也存在着某些活性物质的氧化过程,且温度越高、氧化速率越快,气体的产生量也就越大。与 CO 不同的是,CO_2 的产生浓度远高于 CO,产生这一现象的原因可能在于活性物质与氧气反应生成物活化能的不同。

结合图中热解前后的 CO 和 CO_2 气体生成量随温度的变化规律可以知道,在低温氧化过程中的氧化产物一方面来源于煤体的受热分解过程,还有一部分来源于一定温度后煤中活性物质的氧化过程。结合 FTIR、XPS 等测试手段对原煤样以及热解后煤样的官能团分析,推测煤中的含氧官能团在受热过程中会发生脱羧和脱羰的受热分解过程,这一过程产生 CO、CO_2 气体的同时伴随大量活性位点的生成。此外,煤中的烷基 C—C 键的键能较强,很难在 200 ℃的温度范围内发生断裂,因此推测烷基侧链变短的原因可能在于热解后煤样产生活性物质在常温环境下氧化。

2.4.2　煤样受热分解前后的低温氧化实验

为了对比原煤样和受热分解煤样自燃特性的不同,分析受热分解过程对低温氧化的影响,进行了四组煤样热解前后的低温氧化实验。分别选取原煤和经过 200 ℃热解处理后的煤样各 40 g 进行低温氧化实验,值得注意的是此处使用的热解处理后煤样已在空气中经过长时间(48 h)的放置。控制气体流量为 50 mL/min,控制仪器的升温速率为 1.0 ℃/min,每隔 20 min 记录下仪器温度、煤样的煤心温度以及此时的出口处气体组分浓度。原煤和热解处理后煤样在低温氧化过程中的 CO 产生量对比如图 2-14 所示。

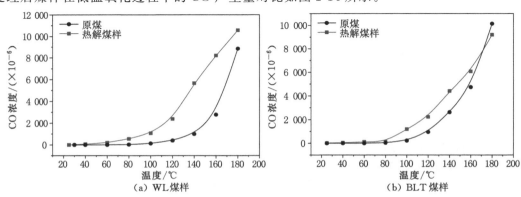

图 2-14　原煤以及热解后煤样低温氧化过程中 CO 产生量比较

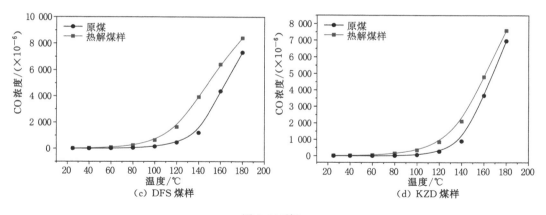

图 2-14(续)

从图中可以发现在反应的初始阶段,相比原煤,热解处理后煤样在较低温度下 CO 就已经大量的产生且浓度迅速上升。这是由于经过热解后的煤样虽然在常温下进行了长时间的氧化,但是依然存在大量的活性物质,活性物质由于温度的升高,氧化速率加快进而产生大量的 CO 气体产物。在反应的后期,明显可以发现处理煤样的 CO 气体增加速率要高于原煤。例如,BLT 原煤样在氧化后期的 CO 产生浓度甚至高于处理后煤样。煤氧化过程中 CO 气体产生速率反映氧化反应的速度,因此可以说明升温反应的后期,原煤的氧化速率高于处理煤样。推测这一现象的原因在于,原煤样在高温时发生了含氧官能团的热解过程以及热解产生活性位点的氧化过程,这两种反应过程的叠加导致煤样氧化反应中大量气体产物的出现,而热解处理后煤样经历了热解过程和室温条件下的氧化过程已经释放了大量的气体产物,这导致在反应后期较高的温度段,气体的产生量明显低于原煤。

图 2-15 为原煤和热解后煤样在低温氧化过程中的 CO_2 产生量对比图。从图中可以发现,煤样的 CO_2 产生趋势与 CO 相同,即处理后煤样在氧化反应的初始阶段气体生成速率高于原煤,而在反应后期气体生成速率低于原煤。与 CO 气体生成规律相比,上述现象在 CO_2 的产生量上表现得尤为明显。一般认为 CO_2 的产生活化能明显小于 CO,因此在煤样处理过程中(无论是恒温热解过程还是之后的室温氧化过程)CO_2 的产生量均较高,这也是较高

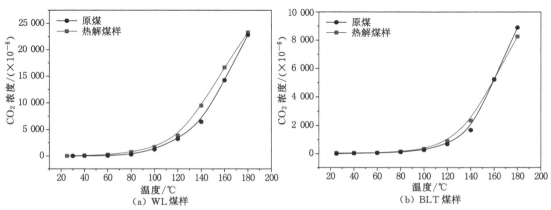

图 2-15　原煤以及热解后煤样低温氧化过程中 CO_2 产生量比较

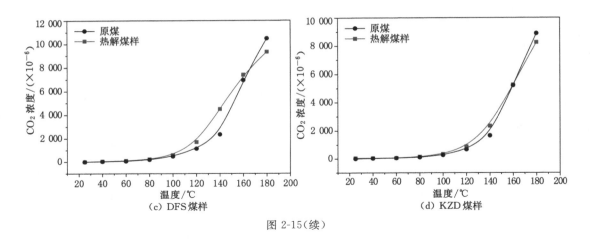

（c）DFS煤样   （d）KZD煤样

图 2-15（续）

温度段时处理煤样的CO_2产生量明显低于原煤的原因。

图 2-16 为原煤以及处理后煤样低温氧化过程中 O_2 消耗量比较情况。从图中可以看出，整个反应过程中原煤的耗氧量都要低于处理煤样。但是从耗氧速率上看，初始阶段处理煤样的耗氧速率明显高于原煤，在大约 120 ℃之后原煤的耗氧速率开始高于处理煤样。这与基于 CO 和 CO_2 得到的实验结果相一致，说明处理煤样在反应初期由于活性位点的氧化

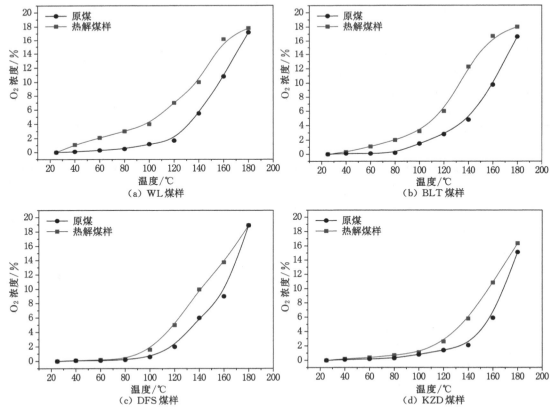

（a）WL煤样   （b）BLT煤样

（c）DFS煤样   （d）KZD煤样

图 2-16　原煤以及热解后煤样低温氧化过程中 O_2 消耗量比较

使得放热量增加,从而加速化学反应速率并导致耗氧量较大,随着煤中活性物质大量消耗,反应后期耗氧速率又开始低于原煤。

图 2-17 为原煤及热解后煤样在低温氧化过程中煤样中心点温度随炉温的变化过程。一般来说,随着炉温的升高,煤样的温度先是低于炉温,后随着煤样氧化反应的加快,放出一定的热量导致煤温升高,直至在某一个时间点等于炉温,达到交叉点温度。交叉点温度是反映煤炭自燃倾向性的主要因素。对比同一炉温下的处理煤样和原煤的煤心温度数据可以发现,在很低的温度条件下(40 ℃)热解处理煤样的煤心温度就已经高于炉温,而原煤样的交叉点温度一般要超过 150 ℃。经过热解后常温氧化的煤样出现极高的自燃倾向性,处理后的 DFS 煤样甚至在炉温增加到 120 ℃时,煤心温度就已经达到了 131.5 ℃。热解煤样水分和气体的逸出以及孔隙的变化固然对这一过程有一定的影响,但是结合常温条件下热解煤样的放热特性可以确定煤中活性位点的氧化才是主要原因。

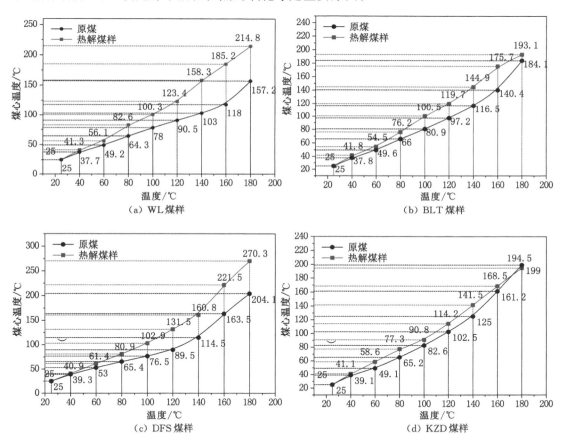

图 2-17 原煤以及热解后煤样低温氧化过程中煤心温度比较

研究一般认为,煤温 70 ℃之前的氧化过程是煤炭自燃发生过程中极为重要的阶段,绝热氧化实验一般通过研究 40～70 ℃的升温时间来反映煤炭的自燃倾向性。通过实验结果可以发现,在这一低温温度区间内活性物质的氧化导致热解处理后煤样的 CO、CO_2 气体产生量远高于原煤,且煤样的煤心温度上升速率加快,煤样的自燃倾向性增加。所以发生受热分解的低温热解煤样更易发生煤炭自燃,这类煤炭在开采过程中要尤其注意采取相应的措施预防煤炭自燃的发生。例如,井工开采的煤炭常常发生岩浆的侵入,从而导致其自燃倾向性明显增加,因此建议对发生岩浆侵蚀的煤体,应该根据岩浆侵入对煤体的热解程度进行煤自燃倾向性分区,在高危险区域开采时应当充分重视并采取措施防止煤炭自燃的发生。

3   受热分解煤体活性位点的高温和常温氧化特性

煤体在热处理过程中会发生含氧官能团等弱键结构的受热分解过程,伴随着 CO、CO_2 等气态产物产生的同时形成大量的活性位点,并推测这些活性位点能够与氧气发生迅速的氧化反应而加速煤自燃反应进程并导致大量气体产物的生成。为了验证这一推断,利用图 2-1 所示的实验装置进行了热解后煤样的恒温(高温及常温)氧化实验,借助煤样在常温氧化过程中的 CO 和 CO_2 的气体产物浓度以及煤心温度变化对活性位点的氧化特性进行描述。

3.1   原煤煤样的恒温氧化实验

低温氧化过程中 CO、CO_2 等气体的产生量被认为与煤自燃机理直接相关。利用这些气体的变化量去推测煤低温氧化的机理一直是煤炭自燃研究的热点课题。研究者常常通过对煤样进行连续快速的升温实验模拟煤在实际条件下的氧化过程,但是在真实条件下煤样受到自身水分、自身性质和蓄热条件的影响,煤自热和自燃过程中的温度变化并不是连续的过程,有可能在某一温度点稳定很长的时间。另外,温度对气体产生量和产生速率的影响很大,因此在进行连续快速升温过程中温度因素毋庸置疑成为影响煤炭自燃的一个重要变量,对煤炭自燃机理的研究十分不利。故研究恒温条件下煤样的氧化反应过程并根据不同时间的气体产物浓度变化去推测煤炭自燃的内在机理显得格外重要。

为了研究原始煤体在恒温氧化过程中气体产物与煤心温度等参数的变化规律,为后期进行热解后氧化煤样的气体变化规律研究提供对比参照,实验首先进行了各煤样在 110 ℃ 条件下保持 10 h 的恒温氧化实验。分别取粒径为 0.150～0.180 mm 的四组原煤煤样 40 g 放在煤样罐中,控制干空气流量为 50 mL/min,仪器升温速率为 8 ℃/min,将煤样升温至 110 ℃,分析记录煤样在此温度下恒温氧化过程中的气体产物及煤心温度变化。其中,四组煤样在恒温氧化过程中的煤心温度随时间的变化关系如图 3-1 所示。

由图 3-1 中煤心温度随氧化时间的变化关系可知,四组煤样在恒温氧化过程中的煤心温度均高于炉体温度。这说明煤样在 110 ℃ 的温度条件下发生了明显的氧化反应过程,此过程中煤与氧气发生氧化反应并放出热量导致煤体温度的升高。但同时,根据煤心温度的变化来看,不同时间段煤的氧化放热强度有所不同。在煤样的氧化初期,煤心温度的上升速度明显较快,说明煤样在此时间段活性物质氧化较为剧烈,热量的释放较多,煤体温度迅速升高并达到最高值。这其中变质程度较低的 WL 煤样和 BLT 煤样最高温度点明显高于另外两个煤样,分别高于系统温度 2.5 ℃ 和 1.9 ℃,同时达到最高温度点的时间也较其他煤样向后推迟。随着氧化时间的推移,可以发现煤心温度明显降低。产生这一现象的原因一方

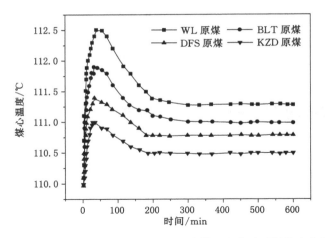

图 3-1　原煤煤样 110 ℃恒温氧化过程中煤心温度随时间的变化关系

面在于煤体温度高于炉体的温度,两者之间的温度差导致散热较大;另一方面在于煤中参与氧化的活性物质在氧化前期发生了较多的消耗,这导致后期参与氧化的活性物质较少,热量的产生不足以弥补温度差导致的热量损失。但随着氧化时间的进一步增加,煤心的温度逐渐降低并稳定在略高于炉体温度的一个定值,这说明氧化的后期煤样处于一种产热和放热大体相当的动态平衡的状态,煤体中的活性物质的氧化放热等于煤样向外界的散热损失。

　　同样,在煤样的氧化过程中会产生大量的 CO 和 CO_2 等气体产物,且一般认为这些气体的产生能够更加敏感地反映煤的氧化状态。因此,实验同样进行了煤样恒温氧化过程中的气体组分分析,得到恒温氧化过程中 CO 和 CO_2 气体产物生成浓度随时间的变化关系,如图 3-2 所示。

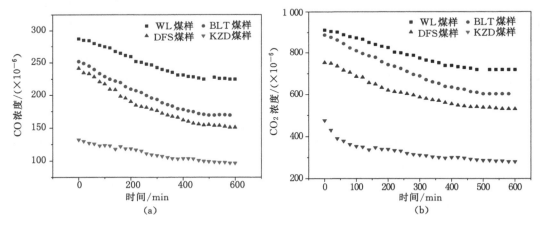

图 3-2　原煤煤样 110 ℃恒温氧化过程中 CO 与 CO_2 浓度随时间的变化关系

　　由上述四组原煤煤样的气体产生量随时间变化趋势可以看出,CO_2 气体的产生量明显高于 CO;各煤样 CO 和 CO_2 气体的产生量均随时间呈现出先下降后稳定的衰减状态,且煤变质程度越高,气体的产生浓度越低,同时稳定段的气体浓度也越低。值得注意的是,与经典的低温氧化过程中的气体产生规律不同,在煤样的恒温氧化前期,气体产物的浓度并不随煤心温度的升高而明显增加,而是仍然处于降低的过程,产生这一现象的原因可能在于活性物质前期浓度较高导致其氧化产生的气体产物浓度较大。在此过程中煤心温度的变化对CO和CO_2的气体产生量虽然有影响,但是由于活性位点的氧化能力极强,此时温度对气体释放的影响较小。同时,煤样氧化后期出现的气体产物浓度趋于定值也表明活性物质的产生和氧化消耗处于一种动态的稳定过程。

3.2 多因素条件下热解后煤样的高温氧化实验

前文研究已经发现煤样的氧化过程中同样伴随着活性物质的产生和氧化,而这些活性物质推测是由于煤中某些弱键官能团的受热分解产生的。为了证实这一过程的存在,设计了热解后煤样的高温氧化实验,将活性位点的产生过程与活性位点的氧化两个过程进行分离。将制得的煤样在 50 mL/min 的氮气条件下加热到一定温度并保持 5 h,将煤样中初始的含氧官能团在此温度下充分得以分解。将煤样在氮气条件下降温至 110 ℃,并保持 2 h,然后向其中通入干空气监测煤样中心点温度随氧化时间的变化,并每隔一段时间用色谱检测生成的气体组分及浓度。分别按照此方法进行下列实验:(1)同一热解温度不同煤样的热解-氧化实验;(2)不同热解温度相同煤样的热解-氧化实验;(3)不同粒径相同热解温度煤样的热解-氧化实验;(4)煤样的连续热解-氧化实验。

3.2.1 不同煤样的热解-高温氧化实验

实验首先进行了四组不同变质程度煤样的热解后高温氧化实验。将各煤样在 120 ℃的氮气条件下热解相同的时间然后降温至 110 ℃保持 2 h,通入干空气进行氧化。每隔一段时间测量并记录下煤心温度、出口处氧气浓度及气体产物的浓度,得到恒温氧化过程中煤心温度、氧气消耗量及气体产物浓度随氧化时间的变化关系,如图 3-3 所示。

由图 3-3 煤心温度随时间的变化关系(图上标注最高温度和时间)可以发现,热解后的四组煤样一旦与氧气发生接触温度便会迅速升高,在 20 min 左右达到最高温度后开始迅速降低,最终随着时间的进一步推移而趋于稳定。这一温度变化过程与原煤煤样恒温氧化过程存在相似之处,不同点在于热解后煤样氧化更为迅速,温度的增加量也较原煤更大。其中热解后的 WL 煤样在 110 ℃的氧化过程中煤心温度最大值升高了 7.4 ℃,远高于原煤恒温氧化时的 2.5 ℃。产生这一现象的原因可能是煤样在热解过程中,产生和积累了大量的活性位点,这些活性位点与氧气接触时发生剧烈的氧化过程,导致煤心温度的迅速上升;而原煤煤样虽然氧化温度相同,但由于活性位点在产生后立刻被消耗,热量难以有效积聚,温度上升量较少。对比四组不同煤样在热解后的高温氧化温度曲线可以发现,相同时间下热解后煤样的煤心温度随着变质程度的增加而明显降低,这说明四组煤样在前期热解阶段活性位点的产生量不同,变质程度较低的煤中含有更多的含氧官能团,这些官能团更容易发生受热分解产生相应的活性位点。上述现象说明,热解后煤样产生了能在氮气条件下稳定存在的活性物质,且该活性物质一旦与氧气接触就会迅速发生氧化,并释放出大量的气体产物;变质程度越低,活性物质的产生量越大,相同时刻下气体产物的生成量越大。

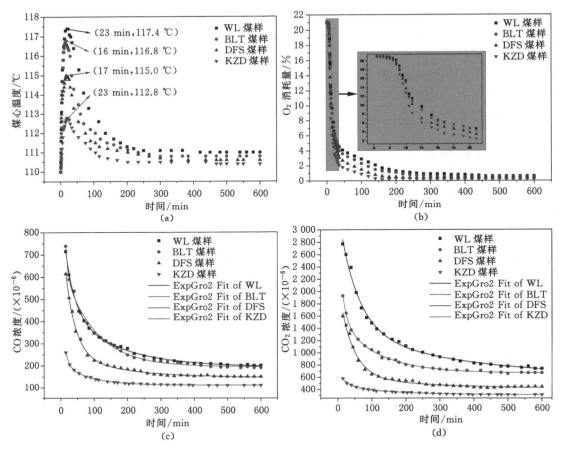

图 3-3　四组煤样热解后 110 ℃高温氧化过程中各指标参数随时间的变化关系

对氧化过程中气体产物浓度分析可以发现,热解后煤样在高温氧化过程中的气体产物并未出现与温度相对应的情况,而是在氧化初期就达到很高的浓度,且随氧化时间延长呈现指数型衰减趋势。具体的衰减趋势可分为快速降低、缓慢降低和相对稳定三个阶段。这说明温度对 CO 和 CO_2 的气体产生量虽然有影响,但是由于活性位点的氧化能力极强,温度对活性位点氧化和释放的影响较小。同时可以发现,在氧化过程中一旦通入氧气,产生的 CO 就迅速被检测到,而 CO_2 气体延迟出现,这是热解后的煤样对初始产生的 CO_2 气体具有极强的吸附能力导致的。

为了进一步揭示煤样热解后氧化气体指数型衰减的内在原因,进行了气体的产生量随时间变化过程的函数拟合。为排除煤对 CO_2 吸附造成的干扰,对上升段的 CO_2 数据进行了删除,仅对吸附饱和后的 CO_2 数据进行了拟合。拟合过程中发现仅用一个指数型衰减函数拟合此过程时拟合度很低,当使用两个指数函数和的形式进行拟合时,拟合公式为 $P = A + Be^{-t/K_1} + Ce^{-t/K_2}$ 时拟合度高达 99%,相关的拟合结果如表 3-1 所示。

表 3-1　不同煤样热解后氧化过程中气体生成曲线的拟合结果

煤样	粒径/mm	CO/CO$_2$	
		拟合方程	拟合度
WL 煤样	0.15～0.18	$P_{CO}=188.85+488.68\exp(t/-31.65)+239.89\exp(t/-184.96)$	99.81%
		$P_{CO_2}=497.67+2020.68\exp(t/-56.74)+817.89\exp(t/-472.91)$	99.39%
BLT 煤样	0.15～0.18	$P_{CO}=185.14+391.02\exp(t/-40.40)+269.28\exp(t/-144.65)$	99.81%
		$P_{CO_2}=510.05+1\,344.92\exp(t/-64.97)+385.83\exp(t/-620.01)$	99.76%
DFS 煤样	0.15～0.18	$P_{CO}=156.05+786.61\exp(t/-34.08)+61.13\exp(t/-164.23)$	98.97%
		$P_{CO_2}=421.7+3\,071.91\exp(t/-19.96)+477.75\exp(t/-128.16)$	99.08%
KZD 煤样	0.15～0.18	$P_{CO}=110.51+265.85\exp(t/-10.24)+106.45\exp(t/-81.51)$	99.86%
		$P_{CO_2}=305.63+255.60\exp(t/-19.82)+171.45\exp(t/-137.41)$	99.54%

在拟合公式 $P=A+Be^{-t/K_1}+Ce^{-t/K_2}$ 中，A 为时间 t 很大时稳定段的气体产生量；B，C 为系数，常数。公式可以分解为 $P=(A_1+Be^{-t/K_1})+(A_2+Ce^{-t/K_2})$，分别对应上述快速降低段和缓慢降低段，$K_1$ 和 K_2 分别代表两个阶段的曲率的倒数。在煤样热解后的高温氧化反应过程中同时存在着两个不同的反应过程，分别为氧化前期活性位点的氧化过程以及含氧官能团受热分解的过程。反应前期活性物质首先与氧气反应生成 CO、CO$_2$ 等气体产物，在此过程中活性物质的氧化起主导作用，并迅速为热解过程积累了大量的含氧官能团；随着活性物质的消耗，活性物质氧化和官能团分解两个反应过程同时进行；反应后期活性物质的消耗量与热解过程中的活性物质生成量相同，反应达到平衡状态，气体释放量趋于稳定。

3.2.2　不同热解温度条件下煤样的热解-高温氧化实验

温度是影响煤样受热分解的重要因素，且在一定范围内温度越高煤样的受热分解程度越高。为了研究热解温度对后续高温氧化过程的影响，实验选择 WL 煤样进行了不同温度条件下的热解-氧化实验。将 WL 煤样在氮气条件下分别加热至 120 ℃、160 ℃、200 ℃、240 ℃然后降温至 110 ℃，均保持相同的时间后通入干空气氧化，高温氧化过程中的煤心温度及气体指标变化如图 3-4 所示。

由图 3-4 可知，煤样在不同温度下热解后常温氧化过程中的煤心温度明显升高，且热解温度越高，温度上升的速率越快，煤心所能达到的最高温度越高，且达到最高温度所需的时间越短。其中，在 240 ℃热解后的 WL 煤样在氧化过程中 16 min 时达到最高温度，为137.8 ℃，超过炉体温度 27.8 ℃。这说明前期的热解过程对煤样的高温氧化影响很大，温度越高，煤中含氧官能团的受热分解强度越大，产生的活性位点的浓度也就越高。当煤样切换为空气供应时，大量的活性位点与空气中的氧气发生迅速的氧化反应，并释放大量的热量而导致煤体温度的迅速升高。随着温度的升高，煤样向外界系统的放量热也逐渐增大，当活性物质大量消耗后，开始出现煤样温度快速下降的现象。通过气体产物的对比分析可以清楚地发现，气体产物的生成量随着煤样热解温度的升高呈现出正相关的规律，即热解的温度越高，热解后氧化过程中生成气体产物的浓度越大。这证明在热解过程中伴随着官能团的受热分解产生活性位点，热解温度越高，活性位点的产生量越大。

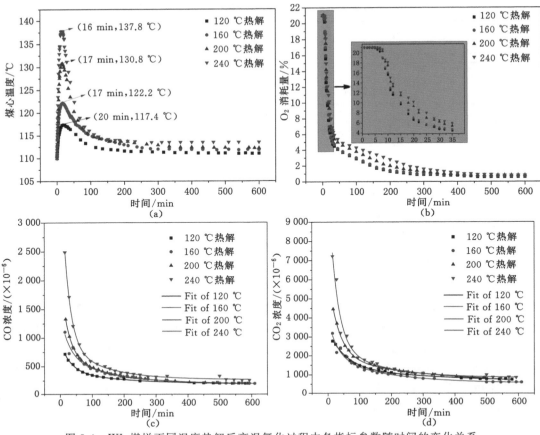

图 3-4　WL 煤样不同温度热解后高温氧化过程中各指标参数随时间的变化关系

另外,不同温度下的煤样在氧化过程中的 CO 和 CO_2 生成量随时间均呈指数型衰减趋势,对不同热解温度后煤样的高温氧化过程汇总气体产生浓度并进行分析拟合,发现不同热解温度后煤样的气体产物浓度随时间同样满足指数型衰减方程 $P = A + Be^{-t/K_1} + Ce^{-t/K_2}$,拟合结果如表 3-2 所示。

表 3-2　不同热解温度煤样在氧化过程中的气体生成曲线的拟合结果

条件	粒径/mm	CO/CO₂	
		拟合公式	拟合度
热解-120 ℃	0.15～0.18	$P_{CO} = 188.85 + 488.68\exp(t/-31.65) + 239.89\exp(t/-184.96)$	99.81%
		$P_{CO_2} = 497.67 + 2\ 020.67\exp(t/-44.89) + 817.89\exp(t/-288.92)$	99.39%
热解-160 ℃	0.15～0.18	$P_{CO} = 189.15 + 743.74\exp(t/-27.27) + 486.74\exp(t/-161.89)$	99.94%
		$P_{CO_2} = 545.14 + 2\ 067.27\exp(t/-29.81) + 1\ 383.89\exp(t/-179.96)$	99.87%
热解-200 ℃	0.15～0.18	$P_{CO} = 193.65 + 1\ 368.87\exp(t/-23.31) + 534.01\exp(t/-147.14)$	96.62%
		$P_{CO_2} = 593.13 + 4\ 374.62\exp(t/-32.55) + 1\ 389.52\exp(t/-275.14)$	97.14%
热解-240 ℃	0.15～0.18	$P_{CO} = 267.23 + 3\ 342.93\exp(t/-21.41) + 634.20\exp(t/-125.14)$	99.84%
		$P_{CO_2} = 832.19 + 8\ 925.68\exp(t/-24.88) + 1\ 863.58\exp(t/-144.36)$	99.06%

从上述煤样热解后的气体产物浓度随时间的拟合结果同样可以发现,不同热解温度后煤样在氧化过程中存在着活性位点的氧化过程以及含氧官能团的受热分解过程。热解温度越高,活性位点的产生量越多,煤样在前期氧化得越剧烈,气体的产生浓度也越大。同时,根据气体浓度平衡段的相关拟合参数同样可以发现,热解处理的温度越高,平衡段的气体浓度越大,其中煤样经过 120 ℃ 处理后的平衡段 CO 和 CO_2 浓度分别从 188.85×10^{-6} 和 497.67×10^{-6} 上升到了 240 ℃ 处理后的 267.23×10^{-6} 和 832.19×10^{-6}。这一现象的出现说明前期的热解温度直接影响后期氧化反应过程,热解的温度越高,参与分解的含氧官能团越多,这使得平衡段活性位点的浓度更高,后期的氧化过程也更为剧烈。

3.2.3   不同粒径条件下煤样的热解-高温氧化实验

为探究粒径对热解后煤样氧化特性的影响,实验选择 $0.150 \sim 0.180$ mm、$0.125 \sim 0.150$ mm、$0.075 \sim 0.125$ mm、< 0.075 mm 四种不同粒径的 WL 煤样分别加热至 120 ℃然后降温至 110 ℃,通入干空气氧化,氧化过程中的煤心温度及气体指标变化如图 3-5 所示。

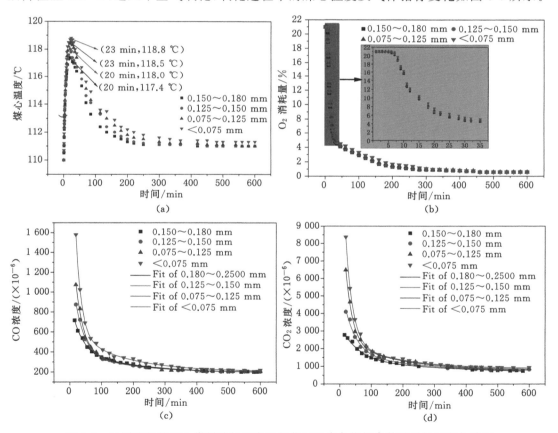

图 3-5   不同粒径的 WL 煤样热解后高温氧化过程中各指标参数随时间的变化关系

图 3-5(a)为不同粒径煤样热解后高温氧化过程中的煤心温度随时间的变化关系,由图中数据可知,四种粒径的热解后煤样在恒温氧化过程中煤心温度呈现出先升高后降低最后趋于稳定的规律,但是四种粒径的煤样在氧化过程中的煤心最高温度不同,煤心温度最大值

随着煤样粒径的减小而增加。由于实验处理温度一致,发生不同粒径煤样氧化过程中放热量不同的原因可能是热解过程中煤样受热不均匀,粒径越小的煤样在热解过程中吸收的热量越多,产生的活性位点也越多。但也有相关的文献认为[163-164],在煤体破碎过程中会发生煤样的预氧化过程,且粒径越小的煤样破碎程度越大,预氧化过程中产生的含氧官能团的含量越高,这也可能是煤样在热解过程中活性位点产生量不同的原因。

实验同样对不同粒径热解后煤样在高温氧化过程中的气体产物进行了对比分析,从图中可知,四种粒径煤样的气体产物生成量随时间呈指数衰减的趋势,不同粒径煤样氧化过程中的气体产物生成量存在明显的不同,其中粒径越小的煤样在氧化过程中的气体产物浓度越大。这也与煤样在氧化过程中的煤心温度变化规律相一致,再次说明粒径越小的煤样在热解过程中产生了更多的活性位点。同样对图中数据进行指数拟合可以发现,各粒径煤样的热解后氧化方程均满足指数型衰减方程 $P=A+Be^{-t/K_1}+Ce^{-t/K_2}$,拟合结果如表 3-3 所示。

表 3-3　不同粒径的热解后煤样在氧化过程中的气体生成曲线的拟合结果

条件	粒径/mm	CO/CO₂		拟合度
		拟合公式		拟合度
热解-120 ℃	0.150～0.180	$P_{CO}=188.85+488.68\exp(t/-31.65)+239.89\exp(t/-184.96)$		99.81%
		$P_{CO_2}=497.67+2\,020.67\exp(t/-44.89)+817.89\exp(t/-288.92)$		99.39%
热解-120 ℃	0.125～0.150	$P_{CO}=192.65+944.49\exp(t/-29.60)+217.52\exp(t/-170.76)$		99.70%
		$P_{CO_2}=701.30+4\,202.67\exp(t/-36.45)+1\,092.32\exp(t/-275.14)$		99.24%
热解-120 ℃	0.075～0.125	$P_{CO}=197.26+1\,472.03\exp(t/-23.60)+534.01\exp(t/-146.01)$		99.53%
		$P_{CO_2}=799.90+10\,131.60\exp(t/-21.37)+1\,754.45\exp(t/-262.56)$		99.66%
热解-120 ℃	<0.075	$P_{CO}=203.04+3\,018.053\exp(t/-17.41)+411.02\exp(t/-155.73)$		99.92%
		$P_{CO_2}=874.33+14\,501.18\exp(t/-21.41)+1\,686.48\exp(t/-158.35)$		99.89%

由表 3-3 可知,不同粒径的煤样热解后氧化过程中气体产物浓度随时间的拟合函数均为复合型指数函数。根据拟合结果可以发现,煤样的粒径越小,气体的衰减速率越快,这也说明粒径越小的煤样热解过程中产生的活性位点的量越多,表现在氧化前期参与氧化的活性位点越多,气体浓度的衰减也越快。同时根据平衡段气体浓度的拟合结果可以看出,粒径越小的煤样气体的平衡浓度越大,其中粒径为 0.15～0.18 mm 的煤样 CO 和 CO₂ 平衡浓度分别由 188.85×10^{-6} 和 497.67×10^{-6} 上升到了 <0.075 mm 粒径煤样的 203.04×10^{-6} 和 874.33×10^{-6}。

3.2.4　煤样的连续热解-高温氧化实验

前文中大量的实验结果表明,煤样的受热分解过程中会产生大量的活性位点,这些活性位点一旦与氧气接触便会迅速发生氧化反应产生大量的 CO 和 CO₂ 等气体产物。同时根据氧化后期热量以及氧化气体浓度恒定产生的实验现象,推测热解后的煤样在氧化过程中不仅存在活性位点的氧化反应过程,同样还存在着活性位点的生成和补充过程。为了证明在活性物质氧化过程中还存在含氧官能团的产生现象,设计了 WL 煤样的连续热解后氧化实验,得到的实验数据如图 3-6 所示。

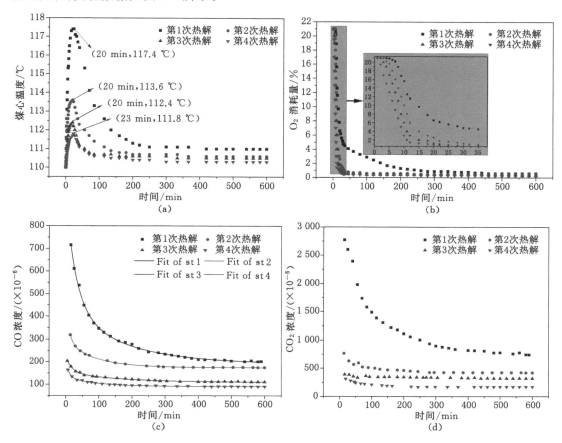

图 3-6　WL 煤样连续热解后高温氧化过程中各指标参数随时间的变化关系

从图 3-6 中气体产生量可以看出,将煤样进行连续热解-氧化实验后,煤样在恒温氧化过程中的最高温度不断降低,但温度均超过升温炉的环境温度。此外可以发现,多次连续热解后煤中仍产生了较多的气体氧化产物,可以证明活性物质在氧化过程中确实不仅有气体产物的形成,同时有大量含氧官能团的产生,且官能团可以在 110 ℃进一步热解产生活性物质和气体产物。这一现象的出现验证了前文高温条件下活性物质氧化过程中同样存在含氧官能团受热分解产生含氧官能团的过程。活性位点的氧化产生 CO、CO_2 气体以及含氧官能团,而含氧官能团又可以发生受热分解产生 CO、CO_2 和大量的活性位点,反应过程如图 3-7 所示。

随着热解次数的增加,气体的产生量下降得非常明显,达到稳定段的时间也迅速缩短。对图中 CO 的拟合可以发现连续热解后的煤样的 CO 气体产生量仍然符合公式 $P = A + Be^{-t/K_1} + Ce^{-t/K_2}$,拟合结果如表 3-4 所示。由于二氧化碳产生活化能较小,在连续热解后能在很短的时间内达到稳定状态,甚至达到稳定状态的时间可能仍然处于热解煤样对 CO_2 的吸附阶段,这导致该实验数据的误差较大,因而在此未作拟合处理。

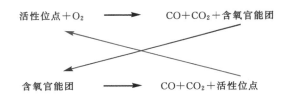

图 3-7　热解后煤样在高温氧化过程中活性位点和含氧官能团的相互转化

表 3-4　连续热解后氧化煤样的气体生成曲线的拟合结果

条件	粒径/mm	CO/CO₂	
		拟合方程	拟合度
热解-120 ℃	0.15～0.18	$P_{1st}=188.85+488.68\exp(t/-31.65)+239.89\exp(t/-184.96)$	99.81%
热解-120 ℃	0.15～0.18	$P_{2st}=173.82+229.06\exp(t/-8.17)+121.94\exp(t/-86.74)$	99.88%
热解-120 ℃	0.15～0.18	$P_{3st}=110.11+67.13\exp(t/-17.55)+44.94\exp(t/-140.86)$	99.50%
热解-120 ℃	0.15～0.18	$P_{4st}=90.33+76.54\exp(t/-9.31)+40.39\exp(t/-97.37)$	99.52%

由连续热解后氧化过程的气体产物拟合结果可以明显看出,虽然多次热解后仍产生大量的活性位点,但每经历一个热解-氧化过程,活性物质的产生量减少,气体产生量也同样减少。热解后煤样的高温氧化过程说明,煤样的热解中不仅存在活性位点的氧化过程,而且还存在含氧官能团的受热分解过程,在这两个反应过程中,官能团的受热分解是一个吸热过程,而活性物质的氧化是一个明显的放热过程。

3.3　多因素条件下热解后煤样的常温氧化实验

由前节中的实验现象可以发现,煤样在惰性气体条件下受热过程中会产生可稳定存在的活性位点,这些活性位点具有很高的活性,能够在高温条件下发生氧化。然而现实条件下,煤样的自热和不可控自燃通常是从室温条件下开始的,现有的研究普遍认为煤炭自燃的发生原因在于煤在低温条件下的氧化放热,热量的积聚导致煤体温度的升高,加速氧化进程并最终导致煤炭自燃的发生。因此,研究煤炭在常温条件下的氧化过程无论对发生热解后煤体的自燃特性研究、煤炭自燃的机理研究还是对相应高效阻化剂的研发都具有重要的意义。然而目前有关煤样在常温条件下的氧化放热研究较少,煤样常温条件下所观察到的热释放通常是物理的润湿热及汽化潜热,相关的常温条件下的化学氧化放热还未有相关的文献谈及。因此,本节重点研究热解后煤样的常温氧化过程,通过观察活性位点的常温氧化特征来揭示受热分解后的煤体更易自燃的内在原因。实验分别进行了不同煤样以及同一煤样在多种因素条件下的常温氧化实验,并对比了煤样常温氧化过程中的煤心温度及气体组分变化规律。

3.3.1　不同煤样的热解后常温氧化实验

将制得的粒径为 0.15～0.18 mm 的四组煤样各 40 g 放入煤样罐中,通过质量流量计控制氮气流量为 50 mL/min,设置仪器升温速率为 8 ℃/min,将煤样在此条件下升温至

200 ℃,进行热解实验。四组煤样在经过 10 h 的热解实验后,将煤样在惰性气体条件下自然冷却至常温(30 ℃),并在此温度条件下再次保持 10 h,以保证煤样处于稳定的状态。实验前测量室温条件下煤样在惰性条件下的气体产生量,发现无气体产生。此时将气体供应切换为 30 mL/min 干空气(21%O₂),每隔一段时间测量煤样的出口处气体组分浓度变化,并记录下煤样的煤心温度随时间变化情况。四组煤样热解后常温氧化过程中的煤心温度及气体指标变化如图 3-8 所示。

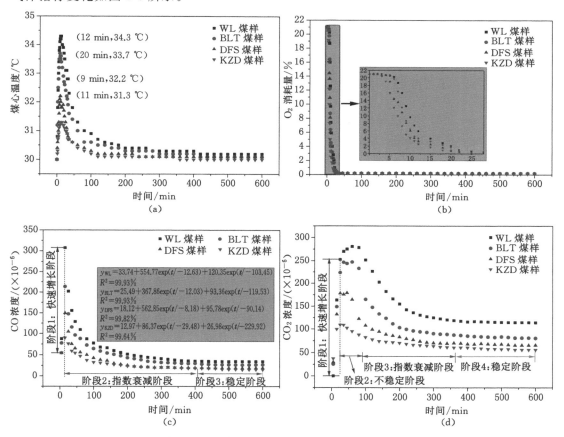

图 3-8　四组煤样热解后常温氧化过程中各指标参数随时间的变化关系

四组热解后煤样在常温下的氧化放热实验过程中煤心温度随时间的变化如图 3-8(a)所示。由实验数据可以明显看出,随着氧气的进入,煤样的煤心温度快速上升,开始发生明显的放热现象,并且在较短的时间达到温度最大值。这说明热解后的煤样在常温下即可发生氧化反应并放出大量的热量,导致煤样宏观温度的升高。随着时间的推移,煤样的温度与环境温度存在的温差导致煤样温度因热量的散失而缓慢下降。同时含氧官能团含量不同的煤样热解后的常温氧化过程中所达到的最高温度存在明显的差异,因此相同条件下热解后的不同煤样在常温条件下的氧化升温幅度可作为鉴定煤炭自燃危险性的潜在判断指标。氧气的消耗量同样是煤炭自燃过程中的重要参考指标之一,实验同时进行了热解煤样在室温条件下氧化过程中的 O₂ 消耗量的对比。由图 3-8(b)可知,热解后的四组煤样在常温氧化过程中均表现出了强烈的氧气吸收现象。吸收的原因一方面在于煤样孔隙的物理吸附,另一方面在于活性位点氧化过程中的化学吸附。四组煤样室温氧化过程中的 O_2 消耗量随时间呈现出前 5 min 完全吸收后迅速下降的趋势。由于氧气消耗的最大值与煤样常温氧化温度的最高点所对应的时间存在较大的差异，因此可以判断氧气完全吸收段的出现不仅是煤样与氧气发生化学氧化的结果，也是煤样的物理和化学吸附相互作用的产物。实验过程中同时发现随着时间的延长氧气消耗虽然趋向于一个很低的值，但是一直保持消耗状态，可以推断很长的时间后煤样依然存在放热的化学反应过程。

　　图 3-8(c) 为热解后煤样室温氧化过程中的 CO 气体产生量随时间变化图，从图中可以发现这样一个有趣的现象，热解后的煤样在室温条件下的氧化过程中产生了大量的 CO 气体，这是在前人的研究中暂未被提及的现象。CO 的产生是煤氧发生化学反应的指标性气体，因此可以确定热解后的煤样在室温下发生了氧化反应。由热解后的四组煤样在室温条件下的氧化过程中 CO 的产生浓度可以看出，在前 5 min 热解煤样在氧化过程中未产生CO，大约 5 min 之后 CO 迅速产生并且在较短的时间内达到最大值，随后出现类似于高温氧化气体产生的指数型衰减过程。整个氧化过程大致分为三个阶段，第一阶段为气体的快速上升阶段，第二、三阶段分别为气体的指数型衰减及稳定阶段。煤样的热解作用造成煤样的孔隙增加，第一阶段的出现应该归因于煤样对 CO 气体的吸附。第二、三阶段变化规律与煤样的高温氧化过程相似，变化的原因应该在于煤样中活性物质的氧化。同时对不同煤样而言，含氧官能团含量越高的煤样，相同时间下常温氧化时产生的 CO 浓度也越高。这说明煤中的含氧官能团在热解过程中产生能够在惰性气体条件下存在的活性位点，且该活性位点能够在常温下与氧气反应产生 CO 气体。图 3-8(d) 为热解后煤样在室温条件下氧化过程中的 CO_2 气体产生量随时间的变化趋势，从图中可以明显看出热解后煤样在室温下产生了大量的 CO_2 气体。通过 CO_2 的产生同样可以判断热解后煤样在室温下发生了化学反应。根据 CO_2 气体产生量随时间的变化可以将反应过程分为四个阶段。第一阶段为气体的快速增长阶段，与 CO 不同的是这一过程中 CO_2 产生的时间较晚且产生速率明显低于 CO。第二阶段为气体的不稳定释放阶段，CO_2 气体在较高的浓度点不稳定地维持了一段时间，出现此变化应该归因于煤样对 CO_2 吸附和解吸竞争。同时不同煤样产生 CO_2 的时间点不同，且达到最高点的时间也不同，出现这一现象的原因应该归因于煤样的孔隙不同以及对 CO_2 的吸收能力不同。第三、四阶段变化规律与煤样的高温氧化过程相似，变化的原因应该在于煤样中活性物质的氧化。同时对不同煤样而言，含氧官能团越多的煤样，相同时间下常温氧化时产生的 CO_2 浓度越高。这说明煤中的含氧官能团在热解过程中产生能够在惰性气体条件下稳定存在的活性物质，且该活性物质会在常温下与氧气反应产生 CO_2 气体。需要说明的是在 CO_2 的产生过程中，由于煤对 CO_2 的吸附能力很强，因此实验会产生一定的误差。此外，在氧化过程中可以发现 CO 首先产生，且反应前期的 CO 释放量及释放速率较大，在较短的时间内达到最大值后呈指数型衰减趋势，最终稳定为一个恒定的数值；而 CO_2 在气体切换一段时间后才滞后出现，增加到最大释放量后稳定较长的一段时间，后也呈现出指数型衰减的趋势，最后稳定在一个固定的值。CO_2 的最大生成浓度及稳定段浓度均超过 CO。导致上述现象发生的原因可能是煤样对两种气体的吸附能力不同，CO 的吸附能力较弱，使得 CO 前期的释放量较大，而对 CO_2 的吸附能力较强，前期产生的大量的 CO_2 被吸附在煤体表面，使得 CO_2 滞后出现，这造成了 CO 生成量和产生的时间早于 CO_2 的假象。大量文献认为研究 CO 和 CO_2 的产生问题对煤自燃基础理论的揭示意义重大，对两者之间的形成过程

进行了较为激烈的争论，一部分研究者基于煤的低温氧化实验初期现象认为煤氧化初期产生的是 CO_2 而非 CO，而另一部分研究者认为 CO 先产生而 CO_2 后产生[120,124,165-167]。热解后的常温氧化实验能够在排除煤中物理吸附等其他因素干扰的情况下单独对煤炭自燃的化学氧化过程进行研究，得出两种气体的产生过程和规律，因此对于煤自燃机理的研究具有较为重要的意义。

由不同煤样热解后的常温氧化实验现象可以发现，热解后的煤样常温下一旦接触氧气便会迅速发生氧化反应，释放出 CO 和 CO_2 气体的同时产生大量的热，这是以往的研究中未被发现的实验现象。发生此现象的原因在于煤样中的含氧官能团在热解的过程中释放出 CO 和 CO_2 的同时产生了大量的活性位点，且活性位点的活化能很低，在室温条件下即可发生氧化放热反应。另外煤样在氮气条件下室温保存 10 h 仍然可以发生氧化反应也足以说明该活性位点在惰性气体条件下可以稳定存在。

3.3.2　不同热解温度条件下煤样的热解-常温氧化实验

煤中的键能较小的含氧官能团会在一定的温度条件下发生键的断裂，产生热解气体产物的同时，伴随大量活性位点的生成。因此，温度对煤样中含氧官能团的受热分解具有至关重要的作用，且在一定范围内，温度越高煤样的受热分解程度越大。为了研究热解温度对热解后煤样常温氧化过程的影响，实验选择 WL 煤样进行了不同温度条件下的热解-常温氧化实验。实验将 WL 煤样在氮气条件下分别加热至 120 ℃、160 ℃、200 ℃、240 ℃，在经过 10 h 的热解实验后，将煤样在惰性气体条件下降温至 30 ℃，保持 10 h 后通入干空气氧化，氧化过程中的煤心温度及气体指标变化如图 3-9 所示。

由图 3-9(a)可知，四组不同热解温度下煤样在常温氧化过程中的煤心温度随时间均呈现出先迅速升高再快速降低进而缓慢降低的态势，不同条件下四组煤样达到最高点时的时间基本相同，但达到最高点的温度存在较大差异。煤样在前期热解过程中的热解温度越高，后期常温氧化过程中的峰值温度也越高。其中当煤样的热解温度为 120 ℃时，常温氧化过程中煤心温度为 31.8 ℃，而当煤样的热解温度为 240 ℃时，常温氧化过程中煤心温度为 35.4 ℃。这一现象发生的原因可能是不同热解温度条件下活性位点的产生浓度不同：热解温度越高，热解反应速率越快，煤样在相同的热解时间内产生和积累的活性位点数量也就越多。在煤样的常温氧化过程中，这些活性位点能够迅速与空气中的氧气发生物理吸附和化学氧化过程，使得煤体温度迅速升高，在氧化后期由于活性位点的氧化放热能力低于煤样向外部环境的散热导致煤体温度的降低。图 3-9(b)为煤样在常温氧化过程中的氧气消耗量随时间的变化关系，从图中可以明显看出在煤样氧化的前期，特别是在之前 20 min，存在着明显的氧气消耗过程。对不同热解温度条件下的煤样而言，氧气的消耗量具有一定的差异，其中热解温度越高相同时间下煤样的耗氧量也越高，这也与图中常温氧化过程中的温度数据相对应。图 3-9(c)和图 3-9(d)分别代表不同热解温度条件的煤样在常温氧化过程中 CO 和 CO_2 浓度随时间的变化关系。其中，四组不同热解温度条件下的煤样在常温氧化过程中 CO 的气体产物浓度随时间延长呈现出先迅速增加达到最高浓度后再呈指数型衰减，最后趋于稳定的过程；而 CO_2 的产生存在四个不同的阶段，分别为快速增长阶段、不稳定阶段、指数衰减阶段和稳定阶段。CO 与 CO_2 分别是煤在氧化过程中的两种主要的气体产物，两种气体产物变化规律的差异可能是热解后煤样对两种气体产物吸附能力的不同所导致的。

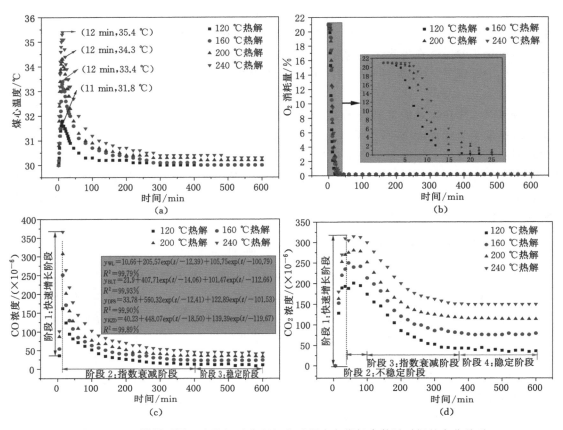

图 3-9　WL 煤样不同温度热解后常温氧化过程中各指标参数随时间的变化关系

同时,对不同热解温度煤样在相同时间下的气体产生浓度分析可以明显看出,热解温度越高煤样的气体产物浓度越高,这也与煤样常温氧化过程中的温度变化及氧气消耗规律相一致。这说明相同条件下,煤样的热解温度越高,活性位点的产生量也就越大,煤样在常温氧化过程中的反应越剧烈。

3.3.3　不同粒径条件下煤样的热解-常温氧化实验

在煤的低温氧化过程中,粒径的大小是影响煤样化学反应速率的重要因素之一。为探究粒径对热解后煤样的常温氧化特性影响,实验分别选择了 $0.150 \sim 0.180$ mm、$0.125 \sim 0.150$ mm、$0.075 \sim 0.125$ mm、< 0.075 mm 四组不同粒径的 WL 煤样分别加热至 200 ℃,经过 10 h 热解实验后,将煤样在惰气条件下自然降温至常温(30 ℃),并在此温度条件下保持 10 h,通入干空气对煤样进行常温氧化实验,氧化过程中生成的气体组分及耗氧情况如图3-10所示。

由图 3-10(a)可知,四组不同粒径条件下煤样在常温氧化过程中的煤心温度随时间延长呈现出先迅速升高再快速降低最后缓慢降低的态势,四种条件下煤样达到最高点时的时间基本相同,而达到最高点的温度存在一定差异。粒径越小的煤样在常温氧化过程中的煤心峰值温度越大,图中最大粒径与最小粒径的峰值温度相差 0.8 ℃。导致这一现象发生的原

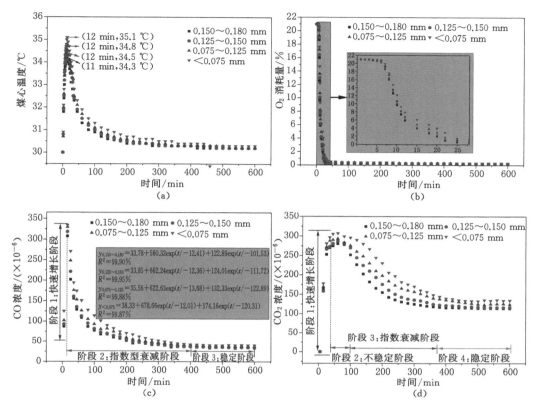

图 3-10　不同粒径的 WL 煤样热解后常温氧化过程中各指标参数随时间的变化关系

因存在两种可能:一种可能是粒径越小的煤样参与反应的表面积越大,同时煤样在热解过程中的受热越均匀;另一种可能是煤样在破碎过程中与氧气发生氧化反应产生了更多的含氧官能团。相同的条件下粒径越小的煤样产生和积累的活性位点数量越多,在煤样的常温氧化过程中的氧化程度也越剧烈。图 3-10(b)为煤样在常温氧化过程中的氧气消耗量随时间的变化关系,与温度变化趋势相同,不同粒径条件下的煤样的氧气消耗量存在一定的差异,相同条件下粒径越小的煤样氧气消耗量越大。图 3-10(c)和图 3-10(d)分别代表不同粒径条件下煤样在常温氧化过程中 CO 和 CO_2 浓度随时间的变化关系。其中,煤样在常温氧化过程中 CO 的气体产物浓度随时间先迅速增加达到最高浓度后再指数型衰减最后趋于稳定,且相同时间下煤样的粒径越小,CO 浓度越大,但稳定段的 CO 浓度差异较小;CO_2 的产生过程存在快速增长、不稳定变化、指数衰减和保持稳定四个阶段,相同时间下煤样的粒径越小,CO_2浓度越大。因此,对不同粒径条件下的煤样在相同时间下的气体产生浓度分析可以明显看出,粒径越小的煤样在常温氧化过程中的气体产物浓度越高,这与煤样常温氧化过程中的温度变化及氧气消耗规律相一致,说明相同条件下,煤样的粒径越小,热解过程中活性位点的产生量越大,煤样在常温氧化过程中的反应程度越大。

3.3.4　不同氧气浓度条件下煤样的热解-常温氧化实验

煤炭低温氧化过程的实质是煤与空气中的氧气发生物理吸附和化学氧化的过程,作为煤炭自发燃烧的必要因素之一,氧气的浓度无疑对煤炭自燃的发生具有极为重要的作用。一般认为当采空区氧气浓度低至5%以下,就认为此区域的遗煤处于采空区的窒息带范围,氧气浓度不足以支撑煤的自发燃烧。因此,为了研究氧气浓度对热解后煤样常温氧化过程的影响,对WL煤样进行相同条件下的热解实验,并在惰性气体条件下降低至室温后向煤中通入不同浓度的氧气进行氧化实验,观察此过程中煤心温度及出口处氧化产物的气体组分变化。实验将WL煤样在氮气条件下加热至200 ℃,在经过热解实验后,将煤样在惰性气体条件下降温至30 ℃,通入四种不同浓度的氧气(10%、15%、21%、100%)进行氧化实验,氧化过程中的煤心温度及气体指标变化如图3-11所示。

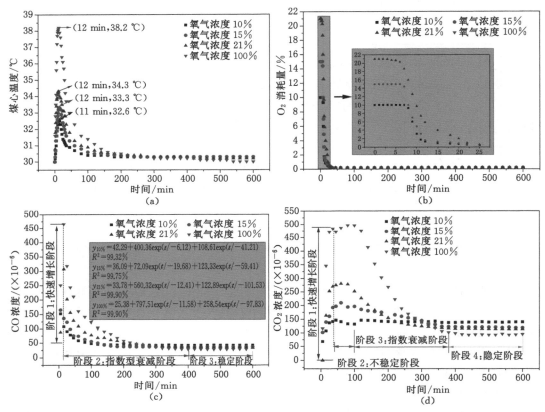

图3-11　WL煤样热解后不同氧气浓度氧化过程中各指标参数随时间的变化关系

　　氧气浓度作为影响煤炭氧化及自热过程中的重要变量被仔细研究,图3-11为四种氧气浓度条件下热解后煤样在常温氧化过程中的煤心温度和各种气体指标参数随氧化时间的变化关系。由图可知,随着氧气浓度的增加,煤在常温氧化过程中的升温速率和所能达到的最高温度均明显增加,其中当氧气浓度为10%时,煤样达到最高温度为32.6 ℃,而当氧气浓度为纯氧条件供应时,煤心温度最大值达到惊人的38.2 ℃。由于煤样的预处理条件一致,即实验均针对同一煤样、同一温度和相同的热解时间,因此热解过程中所产生活性位点的数量应该基本一致。因此不同氧气浓度条件下最高煤心温度产生较大差异应该归因于活性位点的氧化反应过程,在相同时间内活性位点与氧气的接触越充分,被氧化的活性位点越多,煤样的升温速率越大。与此同时,通入氧气浓度越高的煤样在氧化后期温度下降速率越快,这是活性位点的前期大量氧化和消耗所导致的,这也是不同氧气浓度条件下的温度曲线出现交叉的重要原因。与活性位点常温氧化休戚相关的氧气消耗量也同时被得到,需要指出的是,由于色谱分析范围所限,纯氧条件下的氧气消耗量无法获得。在氧化反应的前期结合煤样的气体产生量可以明显发现氧气均处于完全消耗的状态,随着氧化时间的进一步增加三种氧化条件下的煤样耗氧量曲线均明显下降,其中 21% 氧气浓度供应的曲线下降速率最快,三者在 25 min 左右出现氧气消耗量的重合点,同时氧化后期供氧浓度越高的煤样氧气消耗量越小,这与图中温度曲线得到的结果基本一致。通过氧化过程中的气体产物分析可以发现,在氧化反应前期,氧气浓度越高,瞬时参与氧化反应的活性位点数量就越多,气体的产生速率越快,煤样氧化程度越剧烈。同样在氧化反应后期,活性位点的大量消耗造成高氧气浓度条件下的气体产物浓度低于氧气浓度供应较低的煤样。

由活性位点在不同氧气浓度条件下的常温氧化过程可以明显得出,相比大气中正常的氧气浓度 21%,处于乏氧状态的煤样在氧化过程中的升温速率及最高温度均明显降低。处于低氧环境中的煤样可通过控制氧气浓度的方式降低氧化反应速率,使得活性位点的常温氧化不至于在较短的时间内集中发生,从而避免煤样的迅速自热和不可控自燃的发生。因此在实际生产条件下,发生热解后的煤体应该尽量采用低浓度供氧与散热相结合的方式防止煤炭的短时间热量积聚。密闭火区熄灭后在启封时应该特别注意防止氧气浓度的突然增加而造成活性位点的大量氧化和热量的迅速积聚,从而导致煤炭自燃的再次发生。

3.3.5 煤样的连续热解-常温氧化实验

热解后煤样的高温氧化过程中,热解后的煤样会发生受热分解产生大量的活性位点,活性位点在经历高温氧化后仍然可以继续热解产生活性位点。为了研究煤样在多次热解后的常温氧化过程中煤心温度及气体指标变化,实验利用 WL 煤样进行了连续四次的热解-常温氧化实验。将质量为 40 g 的煤样在氮气条件下加热至 200 ℃,经过热解实验后,将煤样在惰气条件下自然降温至常温(30 ℃),保持 10 h 后通入干空气进行热解后煤样的常温氧化实验。上述实验过程需连续进行四次,在此过程中分别记录煤心温度、气体产物组分及耗氧情况,得到的相关实验结果如图 3-12 所示。

图 3-12 为煤样经过多次热解后常温氧化过程中煤心温度、耗氧量和气体产物随时间的变化曲线。从图中可以看出经历四次连续热解-常温氧化后的煤样仍然能够产生大量的活性位点,同时活性位点的常温氧化可以导致煤心温度的显著升高以及气体氧化产物的生成。这说明即使已经经历了高温干燥后的煤样,在再次热解后仍然产生大量的活性位点,证明了这部分活性位点是由于上次常温氧化过程中形成的氧化产物经过受热分解形成的。由此可以明显看出,热解发生后煤中含氧官能团的受热分解能够产生大量的活性位点,而活性位点又能够与空气中的氧气发生氧化并最终转化为含氧官能团。同时随着热解-氧化循环次数的增加,温度上升和气体的增加量幅度逐渐降低,其中最高温度数据由第一次氧化后的 35.1 ℃ 降低到了第四次氧化时的 32.5 ℃,下降了 2.6 ℃;CO 以及 CO_2 浓度的最大值分别从对应的 307.7×10^{-6} 和 280.7×10^{-6} 下降至 155.6×10^{-6} 和 159.5×10^{-6},这一现象说明活性位点的产生量随着热解次数的增加而逐渐减少。特别是对于第一、二次热解后的常温氧化过程,这种差异尤为明显。出现这一现象的原因存在两种可能:一种情况是煤中确实存在

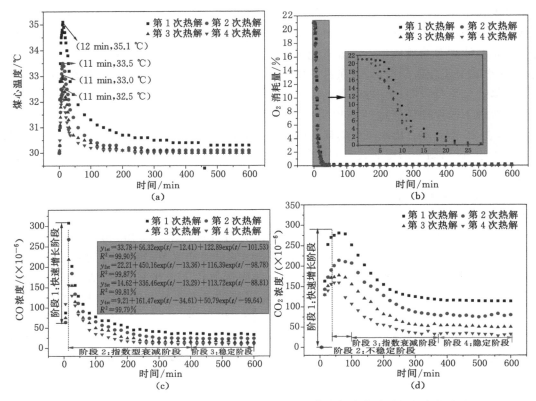

图 3-12　WL 煤样连续热解后常温氧化过程中各指标参数随时间的变化关系

一定浓度的原生活性位点,由于水分的包裹以及物理孔隙的限制,这部分原生的活性位点无法与空气中的氧气接触并发生氧化反应;另一种情况是活性位点的氧化产物的多样性,即氧化产物不只是羧基、羰基等不稳定的含氧官能团,还有较为稳定的醚类和酮类等物质,这些物质热稳定性较强,不能在此实验条件下发生分解。伴随着热解-氧化次数的增加,活性位点氧化产生的羧基和羰基含氧官能团逐渐减少,后续热解后氧化过程中的气体产生量也越来越少。两次热解后煤样常温氧化过程差异产生的两种可能性分析对煤炭自燃机理的解释尤为重要,前者实质上是分析和研究煤中原生与次生活性位点的问题,后者需要借助红外光谱手段分别探讨煤中微观结构在热解以及常温氧化两个过程中的演变规律。

3.4　煤样氮气干燥后的常温氧化实验

如前文所述,初次热解后煤样中出现的活性位点存在两种来源,一种源于被原始煤体中水分所封闭的原生活性位点,另一种归因于煤中键能较小的含氧官能团在受热分解过程中所产生的次生活性位点。后者已经通过连续热解后煤样的常温及高温氧化过程所证实。因此,为了证明煤样中存在被水分阻隔氧化反应过程的原生活性位点,进行了 WL 原煤的干燥后常温氧化过程实验。需指出的是,为了使得氧化过程中的反应现象更为明显,选用未经过预先干燥处理的原煤煤样进行相关实验。将等质量的原煤在惰气条件下分别加热至

40 ℃、60 ℃、80 ℃、100 ℃进行干燥。煤样在经过 10 h 的干燥实验后在惰性气体条件下自然冷却至 30 ℃，并在此温度条件下保持 10 h，以保证煤样处于稳定的状态。实验前首先测量室温条件下煤样在惰性条件下的气体产生量，发现无气体产生。此时将气体供应切换为 30 mL/min 干空气，每隔一段时间测量煤样的出口处气体组分浓度变化，并记录下煤样的煤心温度随时间变化情况。煤样在常温氧化实验过程中的煤心温度和 CO、CO_2 气体浓度及氧气消耗量如图 3-13 所示。

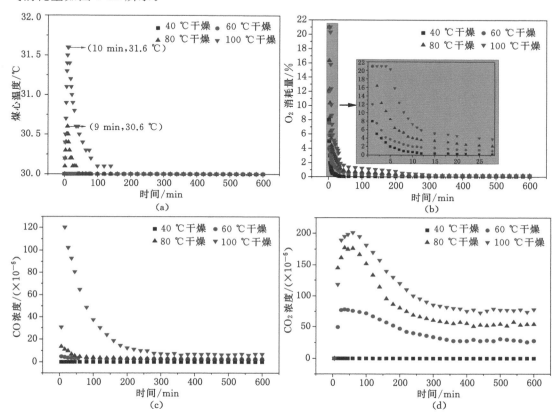

图 3-13　WL 煤样在不同干燥温度条件下常温氧化过程中各指标参数随时间的变化关系

对图 3-13 中数据整体进行分析可知，低温干燥后的煤体也可以在常温条件下发生氧化，消耗了氧气的同时，产生 CO、CO_2 气体并放出热量。随着干燥温度的升高，活性位点的产生量越大，相同时间下氧气消耗量、气体产生量以及煤心温度升高也越大。对图中不同干燥温度条件下的温升曲线分析可以看出，除了 40 ℃ 和 60 ℃ 干燥处理后煤的温度未发生变化外，其余两组干燥温度下常温氧化过程中煤心温度都是先快速升高然后缓慢降低的。而从 CO 以及 CO_2 的生成量分析，除 40 ℃ 外，其他温度下干燥后的煤样在与氧气接触时均会产生氧化气体产物，其中 CO 首先迅速产生并达到最大值，然后随着时间的推移呈现衰减的趋势，CO_2 先增加并在高浓度保持一段时间后再快速衰减。由 60 ℃ 干燥处理后煤样在氧化过程中的温度及气体生成规律可以看出，煤心温度未发生变化但是检测到 CO 和 CO_2 气体，说明此时已经开始进行常温氧化反应过程，而这一氧化反应强度较低，受限于温度传感器精度的问题放热现象无法观测。

　　一般认为煤中的含氧官能团在 70 ℃左右开始发生受热分解产生活性位点。而在此实验中,煤样在低于弱键官能团分解的干燥温度条件下即发生了常温氧化过程,说明煤中确实存在着少量的原生活性位点,当煤中水分蒸发后开始暴露于空气中并发生迅速氧化。另外,根据不同温度干燥煤样的常温氧化现象同样可以发现,当干燥温度达到 80 ℃以上时,伴随着含氧官能团的受热分解,煤样在常温氧化过程中的煤心温度及气体浓度发生突变。在此基础上,实验得出这样的结论,原始煤样中存在原生活性位点,而煤样中含氧官能团的受热分解能够产生大量的次生活性位点。不同于前人普遍持有的干燥后煤样的物理结构变化观点,实验结果认为这些活性位点的常温氧化放热才是干燥后煤样更易自燃的内在原因。因此,在低阶煤的干燥提质过程中应该特别注意活性位点的产生和大量积聚,以防处理后煤样在常温堆积条件下发生迅速的氧化放热而导致煤体热值的下降甚至自燃的发生。

4 受热分解煤体活性位点的产生规律及产生动力学分析

含氧官能团的受热分解能够产生大量的活性位点,这些活性位点能够在很低的温度条件下发生氧化放热,被认为是导致受热分解煤体发生自热甚至自燃的初始热量来源。然而无论是大家普遍认可的双平行理论,还是其他相似的补充理论中都没有将官能团的分解考虑进去,多数有关于煤自燃过程的研究将焦点聚集于煤的氧化过程,而对煤体在受热过程中官能团的分解的研究较少,对煤中含氧官能团受热分解过程的动力学研究更是鲜有谈及。鉴于煤的低温热解过程对活性位点产生的重要影响,决定开展煤样热解过程中活性位点产生规律及动力学过程的深入研究。

4.1 多因素条件下煤样的恒温热解实验

煤中含氧官能团在受热条件下会发生分解,其中羰基的受热分解产生 CO 而羧基的受热分解产生 CO_2,两个分解过程均伴随大量活性位点的产生。因此为了研究活性位点的产生规律,须首先对含氧官能团的受热分解过程进行研究,进而由两种气体的产生规律得到对应活性位点的产生规律。在煤的热解过程中,温度对气体的产生量和产生速率影响很大,因此热解过程中的温度因素毋庸置疑成为影响反应速率的一个重要变量,对气体产生规律的研究十分不利。故研究恒温条件下煤样的热解反应过程并根据不同时间的气体产物浓度变化去推测活性位点的产生显得格外重要。

为尽可能降低升温所需时间,减少实验误差,实验前首先需将煤样在 105 ℃真空条件下持续干燥 48 h 以上,然后将干燥后的煤样进行恒温热解实验。分别进行了四组不同煤样以及同一煤样在不同温度和不同粒径等因素条件下的恒温热解实验,以期得到气体产物的产生规律及活性位点的生成规律。实验时将称取的煤样 40 g 放在煤样罐中,为防止煤颗粒堵塞管道,在煤样的顶底端分别放入少量的石棉。将惰性气体通入煤样罐中,通过质量流量计控制通入气体的流量为 50 mL/min。设置仪器升温速率 8 ℃/min,将升温炉设置到预定的温度进行加热,当炉温达到预定温度并保持半小时后,将煤样热解后产生的气体随着惰性气流收集进入色谱分析仪进行恒温条件下长时间的浓度检测。

4.1.1 不同煤样的恒温热解气体产生规律

为了研究不同煤样在恒温热解过程中的气体产生规律,实验选择粒径为 0.15～0.18 mm 的四组煤样,进行了不同煤样在 200 ℃条件下的连续恒温热解实验。对出口处热解产生的 CO 和 CO_2 气体产生量进行长时间(20 h)的检测。不同煤样恒温热解过程中气体产生浓度随时间的变化关系如图 4-1 所示。

从图 4-1 中可以明显看出,两种气体的产生量随着时间的推移呈现出指数型衰减的趋势。具体可分为三个变化阶段,即快速下降阶段、缓慢下降阶段和稳定阶段,且相同时间下 CO_2 的气体生成量远高于 CO。在分析实验数据过程中首先对上述两种气体产生量的数据进行单个指数函数拟合,结果发现拟合度较低;进而选择两种指数函数结合的形式进行拟合,结果发现拟合度高达 99% 以上,拟合度很高,具体的拟合结果如表 4-1 所示。

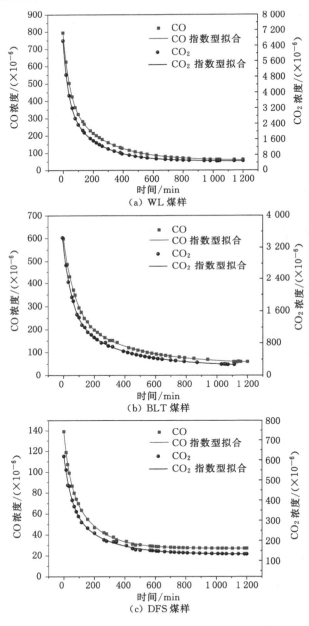

图 4-1　四组煤样恒温热解过程中气体产生浓度随时间的变化规律

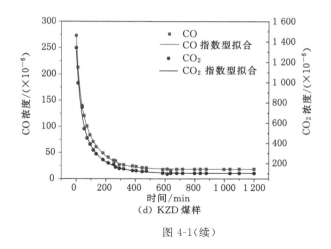

(d) KZD 煤样

图 4-1(续)

表 4-1 不同煤样热解过程中气体生成曲线的拟合结果

煤样	粒径/mm	CO/CO₂	
		拟合方程	拟合度
WL 煤样	0.150～0.180	$P_{CO}=57.65+399.22\exp(t/-43.21)+339.56\exp(t/-250.96)$ $P_{CO_2}=471.06+3\,358.62\exp(t/-34.61)+2\,827.65\exp(t/-201.17)$	99.99% 99.99%
BLT 煤样	0.150～0.180	$P_{CO}=50.23+324.39\exp(t/-69.87)+224.11\exp(t/-366.89)$ $P_{CO_2}=227.43+2\,022.47\exp(t/-61.94)+1\,210.11\exp(t/-361.72)$	99.97% 99.93%
DFS 煤样	0.150～0.180	$P_{CO}=27.08+43.61\exp(t/-35.86)+68.56\exp(t/-168.91)$ $P_{CO_2}=131.33+264.45\exp(t/-49.32)+226.62\exp(t/-235.16)$	99.98% 99.88%
KZD 煤样	0.150～0.180	$P_{CO}=18.23+100.83\exp(t/-20.01)+153.18\exp(t/-110.08)$ $P_{CO_2}=103.98+648.24\exp(t/-29.50)+558.21\exp(t/-124.15)$	99.93% 99.22%

由表 4-1 可知,不同的煤样在恒温热解过程中的两种气体释放量均具有明显的规律性,且符合指数型复合函数 $P=A+Be^{-t/K_1}+Ce^{-t/K_2}$,同时根据气体产生的表达式可知当时间趋向于极大值时,气体的产生量并不趋向于零,而趋向于某一固定的值 A。单纯从公式分析,公式中的 B 和 C 仅与初始气体释放零时刻点的选取有关,没有明显的物理意义。而 K_1 和 K_2 在一定程度上分别对应了两个下降阶段的下降速率。K_1 和 K_2 的值越小,说明气体产生浓度衰减得越快。由同一煤样不同的气体产生规律可以看出,CO_2 的气体产生量和衰减速率均相比 CO 要大,说明 CO_2 的产生活化能要明显低于 CO 的产生活化能。由不同煤样相同气体的产生规律可以看出,含氧官能团含量越高的低阶煤样两种气体的产生量也越大。现有的研究较多针对煤的低温氧化过程和煤的高温热解过程,而关于低温热解(0～200 ℃)过程的研究很少,可参考的文献不多。Wang 等[168]曾研究煤的官能团热解过程,但是研究的是对煤氧化后再进行的热解过程,属于煤中次生官能团的分解过程,且在前 40 min 拟合的曲线数据与实际数据存在较大偏差。本实验采取复合指数函数对不同煤样恒温热解过程

中的气体产生规律进行数学拟合,得到了较好的拟合关系。

4.1.2 不同温度下的恒温热解气体产生规律

选择变质程度较低的 WL 煤样(0.15～0.18 mm)进行了同一煤样在不同温度(160 ℃、200 ℃、240 ℃)条件下的连续恒温热解实验。需要指出的是,实验前期同样进行了 120 ℃温度条件下煤样的恒温热解实验,但是由于反应后期气体的释放量特别是 CO 的产生量很小导致实验精确度不高,对这一温度点下气体产生量进行了舍弃。得到三个温度条件下煤样在热解过程中的气体产生量随时间的变化关系,如图 4-2 所示。

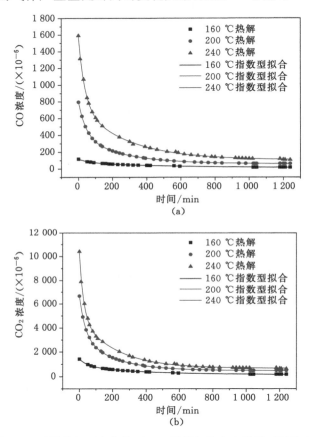

图 4-2　不同热解温度条件下 WL 煤样气体产生量随时间的变化规律

从图 4-2 中可以明显看出,在不同的温度条件下两种气体的生成量随时间的延长也呈现出指数型衰减的趋势。具体表现为初期阶段的气体产生浓度较高,随着时间的延长而呈现指数型衰减,最后呈现出稳定的气体释放量。热解温度越高,相同时间下气体的产生量越大,相对应的气体在稳定段的生成量也越大。实验同时进行了两种气体在不同温度条件下的生成曲线的拟合,具体的拟合结果如表 4-2 所示。

表 4-2 WL 煤样不同温度下恒温热解过程中气体生成曲线的拟合结果

条件	粒径/mm	CO/CO₂	
		拟合方程	拟合度
热解-160 ℃	0.150~0.180	$P_{CO}=10.21+39.81\exp(t/-61.35)+66.85\exp(t/-531.64)$ $P_{CO_2}=149.55+545.80\exp(t/-49.12)+719.94\exp(t/-357.44)$	99.66% 99.93%
热解-200 ℃	0.150~0.180	$P_{CO}=58.38+396.71\exp(t/-42.94)+341.43\exp(t/-248.07)$ $P_{CO_2}=473.87+3\,347.21\exp(t/-34.50)+2\,836.62\exp(t/-199.98)$	99.99% 99.99%
热解-240 ℃	0.150~0.180	$P_{CO}=104.23+834.91\exp(t/-37.06)+632.94\exp(t/-284.95)$ $P_{CO_2}=662.51+5\,413.87\exp(t/-24.07)+4\,177.96\exp(t/-214.07)$	99.92% 99.86%

由表 4-2 可知,在不同的温度条件下 WL 煤样在恒温热解过程中两种气体释放量具有明显的规律性,且符合指数型复合函数 $P=A+Be^{-t/K_1}+Ce^{-t/K_2}$,拟合度高达 99% 以上。对比各温度条件下的气体产生量表达式可以发现,温度越高,气体产生浓度衰减得越快,对应 K_1 和 K_2 的值越小。这一现象出现的原因在于官能团受热分解产生 CO 和 CO_2 气体的过程受热的影响较大,热解温度越高,相关官能团的分解速率就越快;同样在相同时间内官能团浓度下降得也越快,导致气体浓度出现明显的衰减。对不同温度下两种气体的生成量而言,热解温度越高,稳定段对应的气体浓度越高,其中稳定段 CO 气体浓度随温度的增加梯度明显高于 CO_2。产生这一现象的原因可能是温度越高,活化能较小的羧基在前期发生热解的程度越高,导致其后期含量偏小。

4.1.3 不同粒径下的恒温热解气体产生规律

为探究粒径对煤样热解特性的影响,实验选择 0.180~0.250 mm、0.150~0.180 mm、0.075~0.150 mm 和 <0.075 mm 等四种不同粒径的 WL 煤样分别加热至 200 ℃,进行连续恒温热解实验,生成的气体组分及浓度如图 4-3 所示。

从图 4-3 中可以明显看出,在不同的粒径条件下气体的生成量随时间的延长也呈现出指数型衰减的趋势。不同的是,热解前期不同粒径煤样的气体产生量有较大差异,而在热解

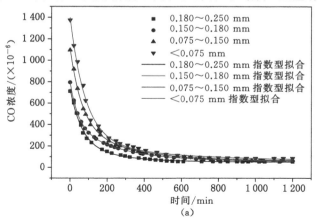

图 4-3 不同粒径条件下 WL 煤样恒温热解过程中气体产生量随时间的变化规律

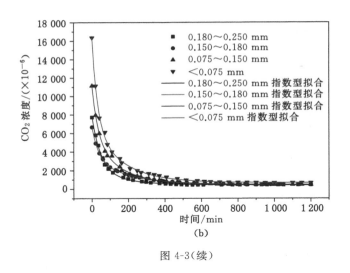

图 4-3(续)

发生的后期差异性较小,稳定段气体产生浓度趋向于相同的值。这一现象出现的原因可能与反应前期煤样的受热均匀度有关,粒径越小的煤样热传递速率越快,初期气体产生浓度也越大。同样对图中数据进行指数拟合,拟合结果如表 4-3 所示。

表 4-3　不同粒径 WL 煤样热解过程中气体生成曲线的拟合结果

条件	粒径/mm	CO/CO_2		拟合度
		拟合方程		拟合度
热解-200 ℃	0.180~0.250	$P_{CO}=50.51+498.02\exp(t/-62.16)+182.43\exp(t/-219.90)$		99.66%
		$P_{CO_2}=417.16+1\ 479.77\exp(t/-48.88)+5\ 914.51\exp(t/-48.88)$		99.93%
热解-200 ℃	0.150~0.180	$P_{CO}=58.38+396.71\exp(t/-42.94)+341.43\exp(t/-248.07)$		99.99%
		$P_{CO_2}=473.87+3\ 347.21\exp(t/-34.50)+2\ 836.62\exp(t/-199.98)$		99.99%
热解-200 ℃	0.075~0.150	$P_{CO}=61.72+701.45\exp(t/-62.89)+346.52\exp(t/-276.97)$		99.92%
		$P_{CO_2}=470.62+5\ 726.95\exp(t/-32.59)+4\ 956.03\exp(t/-152.61)$		99.86%
热解-200 ℃	<0.075	$P_{CO}=66.75+910.32\exp(t/-80.75)+218.56\exp(t/-400.86)$		99.89%
		$P_{CO_2}=537.17+9\ 636.33\exp(t/-31.36)+6\ 014.28\exp(t/-162.74)$		99.83%

由表 4-3 可知,在不同的粒径条件下 WL 煤样在恒温热解过程中的气体释放量具有明显的规律性,均符合指数型复合函数 $P=A+Be^{-t/K_1}+Ce^{-t/K_2}$,拟合度高达 99% 以上。根据各粒径条件下的气体产生量表达式可以发现,粒径越小,初期的气体产生浓度和衰减速率越快,对应的 K_1 和 K_2 值越小。但在恒温热解反应后期的稳定段,不同粒径的煤样热解气体的产生量基本相同,与煤样粒径大小的关系不大。相对不同气体的产生量而言,由于活化能较低的官能团受到温度不均匀性的影响最为敏感,不同粒径煤样气体产生的差异性在 CO_2 气体产生量上显现得尤为明显。

因此,不同因素条件下煤样在恒温热解过程中的两种气体的产生浓度均符合指数型复合函数,热解过程中的气体产生量随时间的变化均可以分为快速减少、缓慢减少和稳定等三个阶段。这一现象与前文中煤样热解后恒温氧化过程中的气体产生规律相一致。低温条件下的煤样在恒温热解过程中主要发生活性位点的产生过程,而热解后的恒温氧化对应活性位点的氧化过程,因此这两个反应过程存在形式上的统一性规律。

4.2 基于 CO 和 CO₂热解产生量的活性位点产生规律

含氧官能团在一定的温度条件下会发生受热分解,产生 CO 和 CO_2 气体的同时伴随着活性位点的生成。研究已经表明,含氧官能团中羰基的受热分解是 CO 气体的来源,而羧基受热分解是 CO_2 气体产生的原因。因此,研究气体的生成规律也就是研究活性位点的产生和积累规律,可以根据两种气体产生的规律推导出对应活性位点的产生规律。Clemens 等[74]认为在一定温度条件下,羧基和羰基的具体的受热分解过程如下:

$$\text{Coal}—\overset{\displaystyle|}{\underset{\displaystyle\|}{\underset{O}{C}}}\quad\xrightarrow{\text{热分解}}\quad\text{Coal}^{\cdot}+CO$$

$$\text{Coal}—\overset{\|}{\underset{O}{C}}—OH\quad\xrightarrow{+R^{\cdot}}\quad\text{Coal}—\overset{\|}{\underset{O}{C}}—O^{\cdot}\quad\xrightarrow{\text{热分解}}\quad\text{Coal}^{\cdot}+CO$$

根据以上反应过程,可以合理推测活性位点为羧基和羰基受热分解产生的自由基,且每产生 1 mol 的 CO 就会产生 1 mol 的活性位点,同时每产生 1 mol 的 CO_2 也会产生 1 mol 的活性位点。这也意味着活性位点的产生速率即两种气体的产生速率之和。因此,根据 WL 煤样(0.15～0.18 mm)在 200 ℃条件下两种气体的产生规律可以得到同条件下活性位点的生成规律,如图 4-4 所示。

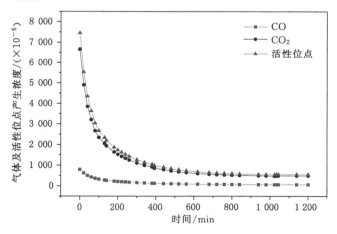

图 4-4 WL 煤样在恒温热解过程中的活性位点产生规律

图 4-4 中 CO 和 CO_2 气体产生量代数和的规律可以表示煤样中活性位点的产生规律。从图中可以看出,煤中活性官能团在受热分解过程中的 CO 产生量较少,因此活性位点的产生量应该主要来源于羧基的热分解产生 CO_2 气体的过程。实验过程中,可以将用于热解的煤样罐看作一个流动反应器,在反应过程中生成的 CO 和 CO_2 气体通过惰性气体的流动被

带出了反应装置,而热解产生的活性物质依然保存并积累在煤体中。

根据流动反应器物理模型[169],可以得到 CO 气体的生成速率 $V_{CO}=(C_{CO}/W)\times V_g=(P_{CO}\times V_g)/(W\times V_m)$。 其中 V_{CO}、C_{CO}、W、P_{CO}、V_g、V_m 分别代表化学反应速率,mol/(kg·min);体系中 CO 物质的量浓度,mol/L;煤样质量,kg;气体组分浓度,10^{-6};惰性气体的流速,L/min;气体摩尔体积,22.4 L/mol。 同理,CO_2 气体的生成速率 $V_{CO_2}=(C_{CO_2}/W)\times V_g=(P_{CO_2}\times V_g)/(W\times V_m)$。 因此含氧官能团受热分解过程中活性位点的产生速率表达式为 $V_{active\ sites}=V_{CO}+V_{CO_2}=[(P_{CO}+P_{CO_2})\times V_g]/(W\times V_m)$。 根据活性位点的产生速率计算公式以及图 4-4 得到的数据,可以计算活性位点的产生速率和累计的产生量(速率对时间的积分面积),如图 4-5 所示。

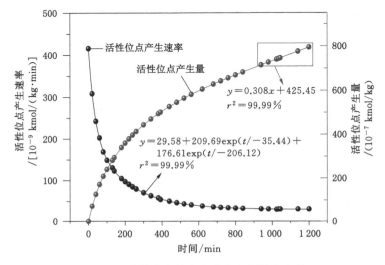

图 4-5　活性位点的产生速率和累计产生量

图 4-5 为计算得到的活性位点的产生速率及随时间的累计产生量。从图 4-5 中可以明显地看出活性位点的产生速率随时间的变化关系也符合指数型函数 $P=A+Be^{-t/K_1}+Ce^{-t/K_2}$。 反应前期由于官能团含量较多,气体的产生量较大导致活性位点的产生速率较快,随着时间的推移,含氧官能团热分解消耗,活性位点的产生速率开始下降直到趋向于一定值。通过速率曲线对时间的积分也可以看出活性位点数量的增加趋势,反应前期活性位点数量迅速上升,随着时间的推移和产生速率的下降,逐渐转变成一条与时间呈正相关的直线。需要指出的是,上述活性位点的产生规律是基于前人研究以及煤在恒温热解过程中的 CO 和 CO_2 产生规律的理论推导值,在煤样实际的受热分解过程中,由于自由基的不稳定性及相互结合而猝灭的特点,实际产生量应小于这一理论值。

实验对煤样在多因素条件下恒温热解过程中的气体产生规律进行了详细的实验分析,研究得出含氧官能团在受热分解过程中的气体产生浓度随时间的变化关系符合复合型指数函数的衰减规律。在此基础上,通过两种气体产物的生成规律得到了对应活性位点的产生速率和浓度累积函数,实验同时发现在活性位点的产生过程中羧基受热分解产生 CO_2 这一过程对活性位点产生的影响远高于羰基分解产生 CO 的影响。

4.3　热解过程中气体产物生成的动力学分析

如上文所述,煤中的含氧官能团在一定的温度条件下会发生受热分解,其中羧基受热分解产生 CO_2,而羰基受热分解产生 CO,这两个含氧官能团在受热分解过程中均伴随着活性位点的产生,研究两种气体产物生成的动力学参数能够在一定程度上反映活性位点的产生动力学参数。因此,实验首先根据恒温热解过程中气体产生规律分别研究了两种气体产物产生的活化能。

4.3.1　数学模型建立与动力学分析

为了计算煤样本身的活性官能团在热解过程中气体产生的动力学参数,首先需要根据热解过程的气体生成量变化,计算出气体的生成速率。实验将煤样罐装置单独进行分析,如图 4-6 所示。

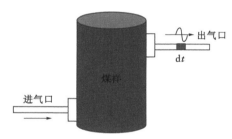

图 4-6　恒温流动反应器分析示意图

由于煤样罐是一个相对密闭的空间,忽略煤样在低温热解过程中产生的微量气体产物(10^{-6} 级别),因此入口处气体的流量应该等于出口处的气体流量 V_g。在实验过程中,若在煤样罐出口处常温段取一很短的时间间隔 dt,那么在此时间间隔内气体的体积应为:

$$V = V_g dt \tag{4-1}$$

此段时间内 CO 气体产生的物质的量浓度应为:

$$C_{CO} = \frac{P_{CO} \times V_g \times dt}{V_m} / (V_g \times dt) = \frac{P_{CO}}{V_m} \tag{4-2}$$

当气体流量恒定时,流动反应器中的气体浓度全部由煤的热解过程产生,因此 CO 气体的产生速率为:

$$V_{CO} = (C_{CO}/W) \times V_g \tag{4-3}$$

将式(4-2)代入式(4-3),可将 CO 的产生速率表达为:

$$V_{CO} = \frac{P_{CO} \times V_g}{W \times V_m} \tag{4-4}$$

根据羰基受热分解产生 CO 以及羧基受热分解产生 CO_2 的化学表达式:

$$\text{Carboxyl group} \xrightarrow[\Delta]{\text{decompose}} m\,CO + \text{Active sites}$$

$$\text{Carboxyl group} \xrightarrow[\Delta]{\text{decompose}} n\,CO_2 + \text{Active sites}$$

在恒温流动反应器中，气体产生的化学反应速率与气体的产生速率呈正比例关系。同时结合阿伦尼乌斯方程，可以得到羰基受热分解产生 CO 这一化学反应过程的化学反应速率：

$$V_i = K \times \frac{V_{CO}}{m} = K \times \frac{P_{CO} \times V_g}{m \times W \times V_m} = A_{CO} \times e^{\frac{-E_{CO}}{RT}} \times (1-a_{CO})^{n_{CO}} \tag{4-5}$$

因此得到 CO 的浓度表达式：

$$P_{CO} = \frac{A_{CO} \times W \times m \times V_m}{K \times V_g} \times e^{\frac{-E_{CO}}{RT}} \times (1-a_{CO})^{n_{CO}} \tag{4-6}$$

同样可以得到 CO_2 的浓度表达式：

$$P_{CO_2} = \frac{A_{CO_2} \times n \times V_m}{K'} \times e^{\frac{-E_{CO_2}}{RT}} \times (1-a_{CO_2})^{n_{CO_2}} \tag{4-7}$$

其中，V_{CO}，P，V_g，V_m，V_i，W，K，K'，m，n 分别代表 CO 产生速率，mol/(kg·min)；气体组分浓度，10^{-6}；惰性气体的流速，L/min；气体摩尔体积，L/mol；化学反应速率，mol/(L·min)；煤样质量，kg；两个比例常数和两个反应系数。a_{CO} 和 a_{CO_2} 分别代表羰基和羧基在热解过程中的转化率；n_{CO}，n_{CO_2} 分别代表羰基和羧基在热解过程中的反应级数。

在恒温条件下，随着热解反应时间的推移，化学反应的转化率 a 随之增加。达到一定的时间后，由于生成气体浓度的指数型衰减，转化率增加速率也越来越慢。当时间 t 达到一定的值时，转化率(a)在一段时间内处于基本保持恒定的水平。这时由于转化率变化很小，气体产生的浓度基本保持稳定，成为一个不随时间明显变化的稳定值。这与实验结果相一致，相应的化学动力学表达式如下：

$$P_{CO,t \to t_0} = \frac{A_{CO} \times m \times W \times V_m}{K \times V_g} \times e^{\frac{-E_{CO}}{RT}} \times (1-a)^{n_{CO}} = L \times e^{\frac{-E_{CO}}{RT}} = F \tag{4-8}$$

$$P_{CO_2,t \to t_0} = \frac{A_{CO_2} \times n \times W \times V_m}{K' \times V_g} \times e^{\frac{-E_{CO_2}}{RT}} \times (1-a)^{n_{CO_2}} = L' \times e^{\frac{-E_{CO_2}}{RT}} = F' \tag{4-9}$$

式中，L 和 L' 以及 F 和 F' 为常数。

对上述等式(4-8)和式(4-9)两边各取对数可以得到：

$$R\ln L - \frac{E_{CO}}{T} = R\ln F \tag{4-10}$$

$$R\ln L' - \frac{E_{CO_2}}{T} = R\ln F' \tag{4-11}$$

也即根据等转化率观点建立了 CO、CO_2 的气体组分浓度与各自分解活化能的动力学关系公式。当官能团受热分解的转化率 a 很低或者基本保持不变时，利用这一反应方程可以根据不同温度下的 CO 和 CO_2 稳定时的气体产生浓度 F 和 F' 计算出对应的气体产生活化能。由于反应物的分解转化率受温度影响很大，为保证转化率(a)很低或者基本保持不变，采用连续降温法求解两种官能团分解产生气体的活化能。

4.3.2　CO 和 CO_2 气体产生活化能求解

煤是一种复杂的有机物质，煤样在热解过程中由于受到水分蒸发、气体的吸附解吸、小分子物质的生成等影响，官能团转化过程目前没有相应的技术手段进行定量的探测，从而导致官能团的转化率无法进行数学表达。通过前面煤炭热解过程的 CO 和 CO_2 的热解动力学曲线可以判断出反应前期转化率较大,反应物的生成速率很快,随着时间的推移,官能团的转化率很低,反应物的生成速率趋于稳定。同样可以得到在转化率很低的情况下气体的生成速率近似为一个定值。因此,可以在温度变化不大的情况下通过连续降温过程中(a 在此状态下恒定)煤样气体生成的稳定段数据求出煤样的热解活化能。

将四组煤样在 200 ℃ 的惰性气体条件下分别保持 20 h,煤样在此条件下 CO 和 CO_2 的产生浓度处于一个定值,再对出口处气体产生浓度进行测定后,将煤样分别降温至 195 ℃、190 ℃、185 ℃ 和 180 ℃,达到预定温度后每隔 20 min 测定一次,每个温度点共计测量 6 次。由上述连续降温方法,得到不同温度条件下煤样热解过程中出口处气体浓度数据,如图 4-7 所示。

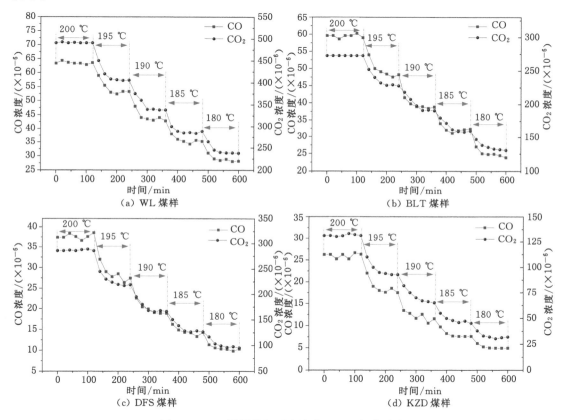

图 4-7　四组煤样热解后连续降温过程气体浓度

根据不同温度下的气体产生浓度 A 值,结合式(4-10)和式(4-11),可以计算得到热解生成 CO 和 CO_2 的活化能数据,如图 4-8 所示。

由图 4-8 可知,根据连续降温的实验方法得到的实验数据具有很高的拟合相关性,连续降温的方法可以用于求解煤样在热解过程中气体产物产生的活化能。利用上述方法实验得到的不同煤样中官能团分解产生 CO 和 CO_2 的活化能数据如表 4-4 所示。

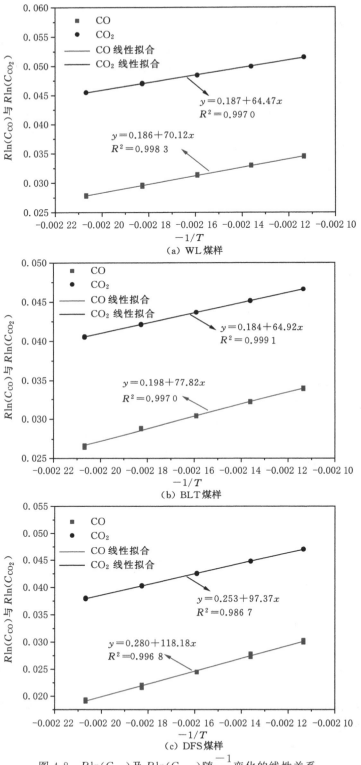

图 4-8 $R\ln(C_{CO})$ 及 $R\ln(C_{CO_2})$ 随 $\dfrac{-1}{T}$ 变化的线性关系

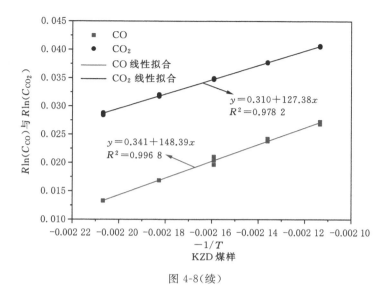

图 4-8（续）

表 4-4　四组煤样 CO 和 CO₂ 气体产生的活化能

煤样	粒径/mm	E_{CO} /(kJ/mol)	E_{CO_2} /(kJ/mol)
WL 煤样	0.150～0.180	70.12	64.47
BLT 煤样	0.150～0.180	77.82	64.92
DFS 煤样	0.150～0.180	118.18	97.37
KZD 煤样	0.150～0.180	148.39	127.38

从表 4-4 中可以发现，变质程度较低的 WL 煤样中官能团分解产生 CO 的活化能为 70.12 kJ/mol，这与 Wang 等[169]计算得到的低阶煤分解过程中 CO 产生活化能为 72.0 kJ/mol 极为相符。同时发现羰基受热分解产生 CO 的活化能大于羧基受热分解产生 CO_2 的活化能，这一结果也与热解过程中 CO_2 气体产生浓度高于 CO 浓度的实际情况相符。这说明在升温过程中先经历羧基受热分解产生 CO_2 的过程，然后才是羰基的受热分解生成 CO 的过程。从两种气体产生活化能的角度也可以反映羧基热解对活性位点的产生的贡献率大于羰基的受热分解过程。同样，根据不同煤样的活化能数据可以发现，随着煤样变质程度的增加，煤样热解产生 CO 和 CO_2 的活化能也随着增加，发生这一变化的原因可能与煤的分子结构有关。煤是一种复杂的有机物，煤中活性物质反应的活化能与自身性质和所处的空间位置有关。对于不同变质程度的煤样而言，随着煤化程度的提高，煤分子的结构单元呈规律性变化，构成核的环数不断增加，连接在核周围的侧链和官能团数量和距离不断减少和变短。煤的这种性质导致不同煤样官能团热解反应的活化能是不同的，其中低阶煤的侧链较长，其受热分解活化能较小；而高阶煤的侧链较短，煤样的受热分解活化能较大。

4.4　活性位点产生的热动力学参数分析

根据气体生成量计算的活化能是基于等转化率条件下连续降温过程得到的，这一计算方法无法得到化学反应级数、指前因子等动力学参数信息。热重分析实验方法能够建立反应过程进度、温度与时间的关系,探讨化学反应过程的机理,是当前最常用的动力学分析方法。同时热重分析法也为活性位点产生过程的研究提供了一个相对可靠的研究手段,可以根据煤样在低温热解温度段的热分析数据得到相应的活性位点产生动力学参数。与根据恒温条件下气体产生过程计算出的活化能不同,升温条件下热重计算的活化能应为多个基元反应的综合表现,计算得到的动力学参数为表观动力学参数。

4.4.1 热分解动力学模型

化学结构的复杂性,决定煤样的热解是一个复杂的动力学过程。在升温过程中不同的升温速率和反应机理的转变会对热重数据造成很大的影响,多重扫描速率法对二次脱气阶段失重数据的适用性较差[170-172]。笔者曾用多重扫描速率法对煤样热解活化能的计算进行了多次尝试均无法取得满意的结果。因此,本实验采用模式匹配法进行动力学参数的解算,该方法强调将实验得到的数据与不同的模式相匹配,以期得到较高的匹配度,从而确定最佳的反应机理函数并计算出相应的动力学参数。这种方法由于所需的测试数据较少,可以通过一条单独的 TGA 分析曲线确定动力学结果,在计算固体分解的动力学过程中被广泛使用[173]。煤样在热解过程中存在着水分和挥发分的逸出以及热解焦的生成,相关的反应过程大体表示如下:

$$煤 \longrightarrow 水 + 挥发分 + 焦 + 焦油 \tag{4-12}$$

很多方法可以用于对复杂的热解过程进行建模,最简单的是根据阿伦尼乌斯公式将质量的损失速率与温度相关联的经验模型,整个分解反应的化学反应速率为:

$$\frac{\mathrm{d}a}{\mathrm{d}T} = k(T)f(a) \tag{4-13}$$

其中,a 为煤样在某时刻条件下分解反应的转化率,可以通过煤样反应过程中质量的变化得到:

$$a = \frac{(m_i - m_t)}{(m_i - m_f)} \tag{4-14}$$

其中,m_i 和 m_f 分别代表反应开始以及结束时刻的煤样质量;m_t 代表煤样在 t 时刻的质量。以上质量可以通过煤样在热解过程中的 TG 曲线得到。

$k(T)$ 为煤样在某一温度条件下的反应速率常数,遵循阿伦尼乌斯方程:

$$k(T) = A\exp\left(\frac{-E_a}{RT}\right) \tag{4-15}$$

其中,A 代表化学动力学反应的指前因子,s^{-1};E_a 为化学反应的活化能,kJ/mol;R 为摩尔气体常数,J/K;T 为绝对温度,K。

$f(a)$ 是与转化率相关的方程,表达式如下:

$$f(a) = (1-a)^n \tag{4-16}$$

其中,n 为反应级数。

将式(4-14)、式(4-15)、式(4-16)代入式(4-13)中可得分解反应的动力学方程:

$$\frac{\mathrm{d}a}{\mathrm{d}T} = A\exp\left(\frac{-E_a}{RT}\right)(1-a)^n \tag{4-17}$$

在非等温条件下的热分析实验中,反应温度随时间以及升温速率变化关系方程如下:

$$T = T_0 + \beta t \tag{4-18}$$

则等式(4-17)可表示为:

$$\frac{\mathrm{d}a}{\mathrm{d}T} = \frac{A}{\beta} \exp\left(\frac{-E_a}{RT}\right)(1-a)^n \tag{4-19}$$

其中,假设指前因子 A 不随温度变化而改变,则对等式进行积分可以得到:

$$g(a) = \int_0^a \frac{\mathrm{d}a}{f(a)} = \frac{A}{\beta} \int_{T_0}^T \exp\left(\frac{-E}{RT}\right) \mathrm{d}T \approx \frac{A}{\beta} \int_0^T \exp\left(\frac{-E}{RT}\right) \mathrm{d}T \tag{4-20}$$

式(4-20)中的 $\int_0^T \exp\left(\frac{-E}{RT}\right) \mathrm{d}T$ 为温度积分,在数学上没有解析解,只能求取数值解和近似解。令 $\mu = \frac{-E}{RT}$,则:

$$g(a) = \frac{A}{\beta} \int_0^T \exp\left(\frac{-E}{RT}\right) \mathrm{d}T = \frac{AE}{\beta R} P(u) \tag{4-21}$$

对 $P(u)$ 采用 Frank-Kameneski 近似式,代入公式可以得到 Coats-Redfern(C-R)积分法方程,如式(4-22)所示:

$$\ln\left(\frac{g(a)}{T^2}\right) = \ln \frac{AR}{\beta E} - \frac{E}{RT} \tag{4-22}$$

由式(4-22)可知,利用单一扫描速率法对得到的动力学曲线进行计算时,需要根据左侧 $\ln\left(\frac{g(a)}{T^2}\right)$ 与 $1/T$ 的线性关系选择适合的动力学机理模型,两者的拟合度越接近 1 说明选择的模式函数匹配性越好,得到的动力学参数也越接近实际。因此,单一扫描速率法的动力学求解过程需要结合相应的机理模型函数进行,通常认为煤的热解反应过程是不可逆的气固两相反应,常见的经典气固反应机理模型如表 4-5 所示。

表 4-5 常见气固反应机理模型微分和积分表达式

反应机理	符号	微分式 $f(x)$	积分式 $g(x)$
化学反应	F		
一级反应	F1	$(1-x)$	$-\ln(1-x)$
二级反应	F2	$(1-x)^2$	$(1-x)^{-1} - 1$
三级反应	F3	$(1-x)^3$	$[(1-x)^{-2} - 1]/2$
N 级反应	Fn	$(1-x)^n$	$[(1-x)^{1-n} - 1]/(n-1)$
随机核化模型	A2	$2(1-x)[-\ln(1-x)]^{1/2}$	$[-\ln(1-x)]^{1/2}$
随机核化模型	A3	$3(1-x)[-\ln(1-x)]^{2/3}$	$[-\ln(1-x)]^{2/3}$
缩核模型	R1	$(1-x)$	$1-(1-x)^{-1}$
缩核模型	R2	$2(1-x)^{1/2}$	$1-(1-x)^{1/2}$
缩核模型	R3	$3(1-x)^{2/3}$	$1-(1-x)^{1/3}$
一维扩散	D1	$(1/2)x$	x^2
二维扩散	D2	$[-\ln(1-x)]^{-1}$	$x+(1-x)\ln(1-x)$
三维扩散	D3	$(3/2)[(1-x)^{2/3}-1]$	$(1-2x/3)-(1-x)^{2/3}$

4.4.2 热分析实验

热重分析是指在程序控制温度下测量待测样品的质量与温度变化关系的一种热分析技术，因精度高、人为因素干扰较小而被广泛应用于动力学测试中。本次实验同样选择 WL、BLT、DFS 和 KZD 等四组煤样为研究对象，分别进行了各煤样在升温过程中的热分析实验。实验仪器为 STD-Q600 型热分析仪，该仪器可以同时测定样品的热重和放热曲线。实验前先对仪器的温度、质量和灵敏度等参数进行校准。将小于 0.074 mm 的各实验原煤分别放进自动取样托盘上的陶瓷坩埚中，设定氮气的流量为 50 mL/min；然后将煤样在惰性气体条件下吹扫半小时以上以保证整个炉腔内没有氧气；煤中水分的蒸发失重对煤样热解动力学的干扰极大，为排除这一因素的影响，需将煤温首先升温至 105 ℃保持 10 min 以上；将煤样按照 5 K/min 的加热速率分别从 105 ℃加热到 800 ℃，在此过程中记录煤样的质量随着温度或者随着时间的变化规律。

4.4.3 热动力学数据处理及分析

在进行动力学解算之前首先要得到煤样热解过程中转化率随热解温度或时间的变化关系。由于水分存在对热解动力学的影响，实验在 105 ℃温度条件下进行了 10 min 干燥处理，因此热失重的起始点也不再是一般认为的实验初始时刻对应温度，而应为干燥结束时的煤样质量。煤样热重升温过程中的温度参数和质量分数随时间的变化示意图如图 4-9 所示。

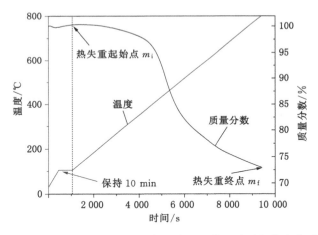

图 4-9　煤样热重测试过程中的温度和热重百分比随时间的变化示意图

如图 4-9 所示，在煤样的升温过程中会首先经历煤样的水分蒸发和气体脱附过程，虽然这一过程造成的热失重很少，但是这一温度段的不规律变化会对低温热解段的动力学计算造成很大的影响。这一水分的脱除温度段在进行热动力学计算之前需要进行排除，因此实验中将 105 ℃干燥后的煤样质量作为热重的起始质量 m_i，将热解实验的最大温度对应的质量作为 m_f 对热解反应过程的相关参数进行计算。根据式(4-14)结合煤样的热失重图形，可以得到煤样的转化率曲线。

为了选择匹配性最优的动力学机理模型,实验将上述方法得到的转化率曲线代入表 4-5 所示的 13 种经典模型中,对热解过程的动力学曲线进行计算,得到 WL 煤样各机理模型下煤样热解过程中的 C-R 积分曲线,如图 4-10 所示。

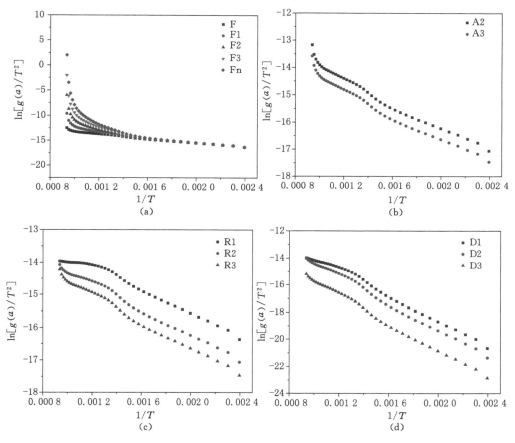

图 4-10　不同气固反应模型得到的 C-R 积分曲线

由图 4-10 可知,煤样在整个热解过程中的 C-R 积分曲线呈现明显的阶段性,即无法仅用一个机理模型描述整个热解温度区间的动力学参数。这其中,化学反应模型条件下的不同级数机理模型在低温下没有明显的区别,但是在高温条件下出现明显的分离;两种随机核化模型大体可以分五个温度段进行线性拟合,且两种方法计算得到的动力学参数只存在很细微的差别;三种缩合模型中存在四段线性区间,且三种方法计算得到的动力学参数也差别不大;三种扩散模型同样具有相同的变化趋势,可以分为低温段、中温段和高温段分别进行拟合。上述模型曲线的变化趋势同样说明煤热解过程的复杂性,无法使用一个简单的动力学机理模型对整个反应过程进行求解。为了得到较好的线性拟合效果,相应的动力学计算应该分段进行拟合分析,并分段求出动力学机理模型和相应的动力学三因子。考虑本书主要研究低温条件下热解过程中活性位点的产生活化能,过高的热解温度会造成其他相对稳定官能团的分解而影响分析准确性,因此实验过程仅对低温段进行拟合。不同动力学机理模型下煤样热解过程低温段的拟合结果如图 4-11 所示。

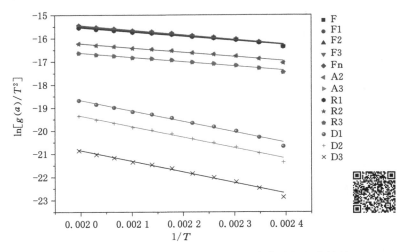

图 4-11　不同动力学机理模型下低温段动力学参数线性拟合结果

为了选择最佳的机理模型，实验对不同机理模型的拟合结果进行了详细分析，不同机理模型对应的直线斜率、截距和拟合度如表 4-6 所示。

表 4-6　不同机理模型下的线性拟合结果

反应模型	截距		斜率		R^2
	值	标准误差	值	标准误差	
F	−11.807	0.015	−1 860.774	6.656	0.987
F1	−11.711	0.014	−1 898.312	6.598	0.988
F2	−11.614	0.014	−1 936.206	6.540	0.989
F3	−11.516	0.014	−1 974.458	6.483	0.989
Fn	−11.417	0.014	−2 013.065	6.427	0.990
A2	−12.500	0.015	−1 860.774	6.656	0.987
A3	−12.905	0.015	−1 860.774	6.656	0.987
R1	−11.902	0.015	−1 823.592	6.715	0.987
R2	−12.548	0.015	−1 842.138	6.686	0.987
R3	−12.937	0.015	−1 848.340	6.676	0.987
D1	−9.551	0.028	−4 561.813	12.928	0.992
D2	−10.181	0.028	−4 586.482	12.891	0.992
D3	−11.663	0.028	−4 594.757	12.879	0.992

由表 4-6 可知，不同的动力学机理模型在低温条件下拟合得到的线性相关系数均较高，且 R^2 在很小的区间内（0.987～0.992）变化，这主要是动力学补偿效应导致的。拟合结果同样表明化学反应模型、随机核化模型和缩合模型计算的活化能仅存在很小的差异，而根据扩散模型得到的活化能与其他模型明显不同，其中扩散模型相比其他模型拟合度明显较高。

此外,不同反应维数之间拟合结果的差异很小,三种不同维度扩散模型拟合度基本相同。前人研究表明[171],当不同模型的线性拟合度差异很小时,可根据经验方法对不同反应模型进行取舍,通常情况下低温温度段扩散机制可能性较大;若在不同级数或不同维数的模型中选择,则选择最简单的。综上,确定煤样热解过程中低温段的反应动力学机理模型为一维扩散模型 D1,后续的煤样计算均根据这一模型得到。根据这一模型得到四组煤样低温段的热解动力学参数拟合曲线,如图 4-12 所示。

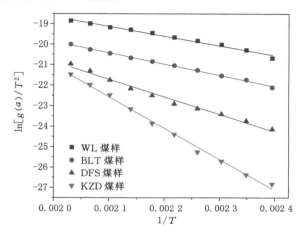

图 4-12   四组煤样低温段的热解动力学参数拟合曲线

如图 4-12 可知,根据一维扩散模型 D1 对四组不同煤样进行求解均能得到较高的线性拟合度,这说明这一反应模型能够在较大程度上代表煤样低温热解过程中的动力学反应模型,具有很高的可信度。同时,可以根据拟合的线性回归方程得到各方程对应的斜率和截距,进而求解煤样热解的活化能和指前因子,详细的动力学参数如表 4-7 所示。

表 4-7   四组煤样低温段热解动力学参数

煤样	温度区间/℃	动力学三因子		
		$E/(kJ/mol)$	A/s^{-1}	R^2
WL 煤样	140~230	39.33	1.31	0.992
BLT 煤样	140~230	45.79	2.15	0.995
DFS 煤样	140~230	70.60	$4.78×10^2$	0.980
KZD 煤样	140~230	126.65	$5.15×10^8$	0.995

表 4-7 为根据模式适配法得到的四组煤样在低温热解过程中的动力学参数,可以发现四组煤样的活化能参数随着煤样变质程度的增加而增大,其中 WL 煤样的活化能最低,为 39.33 kJ/mol,KZD 煤样的活化能最高,为 126.65 kJ/mol。活化能的大小反映煤样在低温热解区间内的热分解难易程度,这说明变质程度高的煤样更容易发生受热分解。煤样的低温受热分解会伴随大量活性位点的产生,因此低温段热解活化能越低的煤体相应活性位点的产生量也就越大,这与不同煤样热解过程中活性位点的产生规律相一致。将表中数据与

由 CO 和 CO_2 气体产生得到的动力学数据进行对比分析可以发现，由热分析得到的活化能明显低于气体产生活化能，导致这一现象的原因可能与测试方法的选择和分析基准有关，热分析得到的活化能为整体热分解过程的表观活化能，而气体产生活化能为煤中基元反应对应的热解活化能。

5 羧酸碱金属盐结构对活性位点产生的影响研究

前文对活性位点的产生规律及产生化学动力学参数进行了研究,实验发现羧基官能团受热分解产生二氧化碳的过程在活性位点的产生过程中占据主导地位。煤中的羧基官能团有两种主要的存在形式[174-176]:一是以有机羧酸的形式(—COOH)存在;二是与煤中的金属离子尤其是碱金属结合而形成羧酸盐(—COOM,M 指代碱土金属元素)。目前的煤自燃研究文献一般较为笼统地将羧基结构当作—COOH 结构,实际上由于化学结构和金属阳离子的影响,两种羧基官能团化学性质存在很大的不同。煤样热解过程中的羧酸盐结构对活性位点的产生及这一过程对煤自燃过程的影响如何暂无人谈及,值得进一步探究。

5.1 实验研究方法和煤样的预处理过程

煤中通常被发现含有大量的碱金属,其中相当一部分与酸性羧基结构发生有机结合。为了研究这些羧酸碱金属盐对煤样热解过程中活性位点产生的影响以及对煤自燃过程的影响,进行了四组煤样碱处理实验以及 WL 煤样的酸-碱-酸处理实验。本章首先设计了四组煤样的碱处理实验,利用红外 FTIR 以及 XPS 等手段对碱处理过程中滤液成分和处理后煤样的元素和含氧官能团结构变化进行分析,同时研究了引入碱金属元素后煤样的恒温热解过程及热解后的常温氧化过程。为了进一步分析羧酸碱金属活性位点的产生对煤样氧化过程的影响,进行了煤样的酸洗、碱处理、二次酸洗,此过程中对各预处理煤样的 SEM-EDX 实验、热分析实验以及活化能变化进行了深入探讨。实验的具体方法和流程如图 5-1 所示。

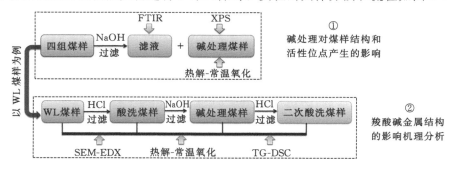

图 5-1 羧酸盐结构对活性位点产生和煤自燃过程影响分析流程

根据研究目的的不同,实验分为两个部分:① 不同煤样的等物质的量浓度的碱液处理实验;② 同一煤样酸洗-碱处理-二次酸洗实验。对实验①而言,分别选择 50 g 四组相同粒径的煤样进行碱处理测试。配置物质的量浓度为 2 mol/L 的 NaOH 溶液 100 mL,待

NaOH 溶液配制完成后,加入煤样以 30 r/min 的速度进行匀速搅拌 30 min,然后利用密封膜进行密封保存 24 h。对所得混合溶液进行过滤、去离子水冲洗、烘干,其中 40 g 碱处理煤样被用于恒温热解及常温氧化实验,其余煤样被用于分析测试。

对实验②而言,首先选择 WL 煤样利用酸处理的方法洗出其中所含的金属离子:配置物质的量浓度为 2 mol/L 的 HCl 溶液 100 mL;待溶液配制完成后,加入煤样以 30 r/min 的速度进行匀速搅拌 30 min,然后利用密封膜进行密封保存 24 h;将得到的混合液体进行过滤分离,并用大量的去离子水进行冲洗后烘干得到酸处理后的煤样。取出制得的少量煤样以备测试使用,其余煤样按照实验①方法进行碱处理,制得碱处理后煤样。为了验证羧酸碱金属盐的作用,实验②中酸处理的实验步骤被再次重复得到二次酸洗煤样。

5.2 碱处理对煤样化学结构的影响

为了研究碱处理过程对煤样化学结构的影响,实验利用傅里叶红外变换和 X 射线光电子能谱分析等测试手段分别对碱处理溶出物以及碱处理后煤样的化学结构和元素组成进行分析。根据 FTIR 的分析结果能够对煤样碱处理后的溶出物结构进行定性,而对碱处理煤样 XPS 的测试能够分析出煤样中碱金属元素的含量以及预处理导致的官能团变化。

5.2.1 碱液溶出物的红外光谱测试

将得到的煤-碱液混合物通过抽滤瓶进行固液分离,分离得到的液体产物如图 5-2 所示,通过对滤液的反向盐酸滴定,可以得到碱处理过程的抽提物。

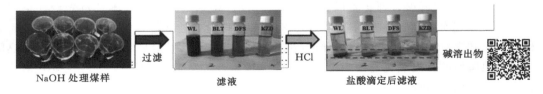

NaOH 处理煤样   过滤   滤液   HCl   盐酸滴定后滤液   碱溶出物

图 5-2 煤样碱处理过程及碱抽提物提取

实验结果表明,不同煤样在碱处理后的滤液颜色各不相同。其中变质程度较低的 WL 和 BLT 煤样滤液呈现出黑褐色,而变质程度较高的 DFS 和 KZD 煤样分别为黄褐色和浅黄色。上述碱处理后溶液颜色的不同可能与煤中含氧官能团的种类和含量有一定关系,碱处理能够中和并溶解煤中相应的含氧酸性结构。将碱处理后的煤样过滤液进行盐酸滴定,可以明显地看到大量的黄棕色絮状沉淀同时上层溶液呈澄清色。这一现象说明碱处理将煤中的酸性含氧官能团转化为相应的水溶性碱金属盐,而经过盐酸再次滴定后又转化为难溶的酸性有机结构而沉淀。将过滤后的煤体继续用去离子水冲洗,直至过滤液的 pH 保持不变为止。最后将处理得到的煤样以及溶出的沉淀物在 105 ℃ 的真空条件下烘干备用。为了进一步探究碱液处理过程中溶出物的化学结构,将经过酸滴定的碱液溶出物沉淀烘干后进行压片,并通过红外光谱手段进行官能团结构分析。实验仪器测量的波数范围为 400～4 000 cm^{-1},扫描频率为 16 Hz,实验得到的碱液溶出物的红外光谱图形如图 5-3 所示。

由图 5-3 可以发现四组煤样的碱液溶出物与原煤样有极大的不同。相比煤样的光谱曲

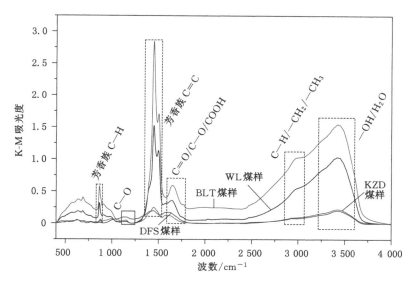

图 5-3　四组煤样碱液溶出物的红外表征

线,溶出物中芳香环 C—H 以及—CH₃、—CH₂—、—CH—等烷基官能团的对应表征峰大幅度降低,而相应的含氧官能团如—OH、—C＝O、—C—O、—COOH 表征峰强度明显增加。这一现象与之前的推测相一致,说明煤中的溶出物是组成为酸性含氧官能团的类腐殖酸结构。这些小分子酸性结构容易与碱发生反应并溶出,当与煤样发生过滤分离后又可以通过酸性溶液还原成原有的有机结构。另外,由于煤是一种大分子的有机体,大量的含氧官能团与煤基的连接较为稳定,因此可以推断大部分的酸性含氧结构虽然与氢氧化钠反应转化为相应的盐类,但仍然保留在煤体中。也即,氢氧化钠处理后煤样会发生受键能影响较小的小分子含氧结构的溶出,而绝大多数的酸性含氧官能团会转化为相应的金属盐而留存在煤基中。对不同煤样的溶出物官能团结构进行分析可以发现,变质程度越低的煤样所含有的芳香结构越多,导致这一现象的原因在于变质程度低的煤样小分子苯环结构较多,这也很可能是滤液颜色明显不同的原因。

5.2.2　煤样碱处理前后的元素分析

为了研究碱液处理对煤样中化学元素及官能团结构变化的影响,进行了碱处理前后煤样的 XPS 测试。实验使用中国矿业大学现代分析与计算中心 ESCALAB250 型 X 射线光电子能谱仪,设置实验参数分别为 Al K alpha 阳极,束斑尺寸 900 mm。分别对待测煤样进行了宽扫(0～1 350 eV)和 C 元素的窄扫(525～545 eV),其中宽扫透过能 20 eV,详细的测试方法如 2.3.2 节所示。实验得到四组煤样碱处理前后电子信号强度随电子结合能的宽扫结果。

图 5-4 为碱处理前后四组煤样的宽扫电子能谱图,根据煤样的全谱结果可以大致得到各煤样中所含元素种类及含量。根据图中的吸收峰值强度以及仪器的相关参数,可以得到各特征峰面积并最终转化为各元素的含量,得到的元素及对应含量如表 5-1 所示。

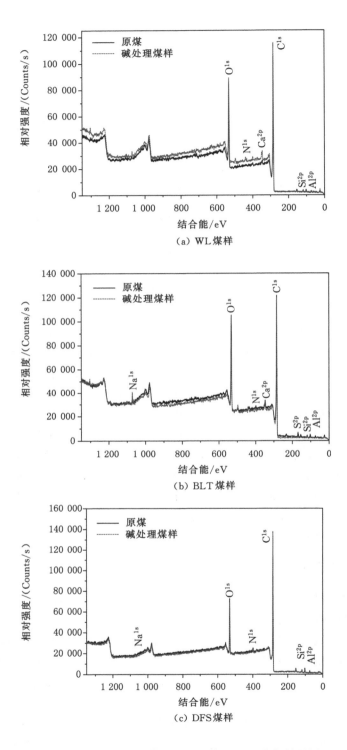

图 5-4　四组煤样碱处理前后 XPS 宽扫结果图

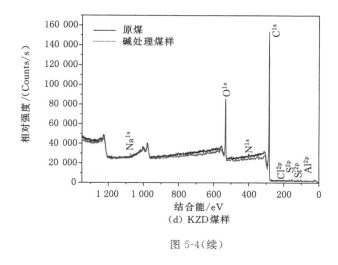

（d）KZD 煤样

图 5-4（续）

表 5-1 煤样碱处理前后元素含量的 XPS 分析结果

煤样	元素含量/%							
	C^{1s}	O^{1s}	Si^{2p}	Al^{2p}	N^{1s}	S^{2p}	Ca^{2p}	Na^{1s}
WL 煤样	74.18	20.21	1.60	2.62	0.61	—	0.77	—
WL 碱处理煤样	77.61	18.14	—		1.29	—	1.27	1.36
BLT 煤样	70.21	21.48	2.06	1.12	2.27	1.23	1.10	0.53
BLT 碱处理煤样	76.79	17.82	—		1.88	—	1.57	1.33
DFS 煤样	76.16	14.58	2.83	2.66	3.38	0.18	0.21	—
DFS 碱处理煤样	78.93	12.75	1.79	2.59	2.81	0.14	—	0.39
KZD 煤样	79.72	14.66	0.99	1.26	2.04	0.20	—	0.53
KZD 碱处理煤样	82.34	12.35	0.47	1.11	1.95			1.35

由表 5-1 所示碱处理前后煤样的 XPS 宽扫得到的煤体表面化学元素变化情况可知,四组煤样均发生了碱处理后碳含量的增加以及氧含量的下降,这也证明碱液能够与煤中的部分含氧官能团反应使其从煤基中溶解分离出来。与此同时,对比碱处理前后的煤样中的元素含量变化可以看出,煤中的 Na 元素明显增加,其中含氧官能团越高的煤样增加量越大,这说明碱处理过程实质上是碱金属与酸性结构发生了离子交换的过程,这一过程会导致煤中碱金属元素的大量增加。X 射线光电子能谱分析实验结果表明,煤样的碱处理过程能够通过离子交换的形式向煤中的酸性官能团结构中引入大量的碱金属离子形成碱金属盐,其中一部分小分子碱金属盐溶解于水中能够通过过滤分离,而更多的碱金属元素则是与煤体紧密结合并保留在煤中。

5.2.3 煤样碱处理前后的 XPS 结构测试

鉴于含氧官能团在活性位点产生过程中的重要作用,为了研究碱处理煤样对含氧官能团含量的影响,实验同样对含氧官能团所处的位置进行了窄扫。由于煤样属于不导电样品,测试信号会产生物理位移,因此分析前需根据 C—C 键的实际结合能(284.8 eV)进行数据的电荷校正。图 5-5 显示了四组煤样在热解前后 C^{1s} 的高分辨率 XPS 谱。其中 C—C/C—H、C—O(醇、酚或醚),C=O(羰基)或 O—C—O(低阶煤),COOH/COONa(羧基)等官能团分别对应的结合能为 284.6 eV、285.4 eV、286.6 eV 和 288.8 eV。

为了对 C^{1s} 窄扫范围内各官能团含量进行定量分析,采用 XPSpeak 软件对这一区段的电子能谱进行了分峰拟合,各碱处理煤样的拟合结果示意图如图 5-6 所示。

根据图 5-6 所示的对能谱数据的分峰拟合,可以发现拟合结果与实测结果的相关度很高。根据各拟合峰面积与总峰面积的比值,可以得到煤样在碱处理后各官能团的相对含量。为了对比研究碱处理前后官能团含量的直观变化,列出原煤煤样的各官能团所占的百分比数据,如表 5-2 所示。

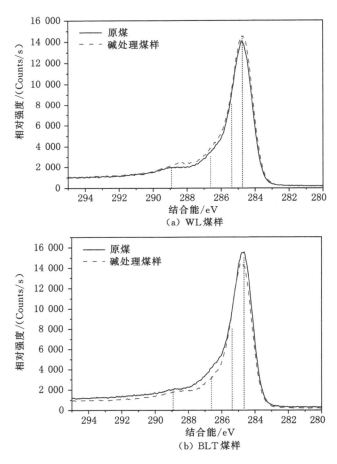

图 5-5 四组煤样碱处理前后的 C^{1s} 窄扫图

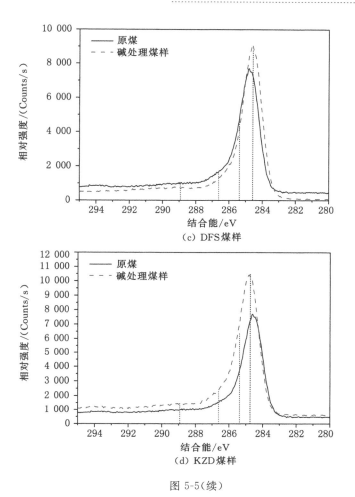

（c）DFS煤样

（d）KZD煤样

图 5-5（续）

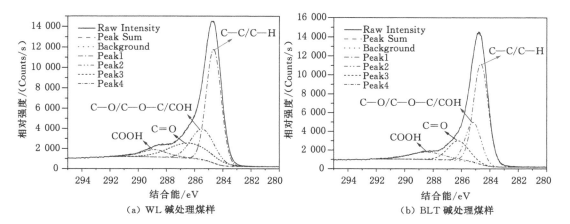

（a）WL 碱处理煤样　　　　　（b）BLT 碱处理煤样

图 5-6　四组碱处理煤样含氧官能团的分峰拟合结果

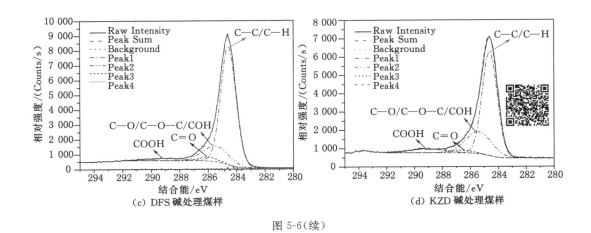

图 5-6（续）

表 5-2　四组煤样热解前后脂肪族和含氧官能团含量等变化情况

煤样	C—C/C—H 含量/%	C—O 含量/%	C=O 含量/%	COOH 含量/%	含氧官能团含量/%
WL 煤样	53.06	20.36	16.61	9.97	46.94
WL 碱处理煤样	54.85	22.12	15.79	7.24	45.15
BLT 煤样	55.41	20.68	17.30	6.61	44.59
BLT 碱处理煤样	56.50	22.92	16.22	4.36	43.50
DFS 煤样	70.48	21.08	5.64	2.80	29.52
DFS 碱处理煤样	70.79	22.90	4.91	1.40	29.21
KZD 煤样	71.71	19.34	6.13	2.82	28.29
KZD 碱处理煤样	72.09	20.51	6.06	1.34	27.91

由表 5-2 可知，碱处理后煤样中的含氧官能团总量相比原煤均有所降低，这其中—COOH 官能团的降低最为明显。变质程度较低的 WL 煤样碱处理后相比原煤羧基含量降低了2.73%，导致这一现象的原因在于煤中的一部分酸性结构转化为羧酸盐而被过滤分离。因此，煤样在碱处理过程中，煤中的酸性含氧官能团结构能够与碱液发生离子交换反应，转化为相应的羧酸盐而溶解在溶液中。同时，伴随煤中羧基结构的分离，煤中 C—C/C—H 官能团含量出现不同程度的增加。根据碱处理前后煤样含氧官能团的变化同样可以看出，碱处理会导致羧酸结构转化为羧酸盐，其中少部分小分子羧酸盐溶解于水中而被分离，大部分羧酸盐由于煤结构的复杂性而与煤基结构紧密结合。

5.3　碱处理煤样的恒温热解及常温氧化实验

为了研究煤中羧酸碱金属盐对活性位点产生规律的影响，进行了四种碱处理煤样的恒温热解实验以及热解后煤样的常温氧化实验。通过对比碱处理前后煤样在恒温热解过程中 CO 和 CO_2 的产生规律能够推测活性位点产生的数量；此外，通过对比碱处理前后煤样在热解后常温氧化过程中温升幅度和气体浓度同样可以反映活性位点产生的多少以及直观地得到羧酸碱金属盐的分解对煤样常温氧化的影响。

5.3.1 碱处理煤样的恒温热解实验

为了研究煤中羧酸盐结构在热解过程中的活性位点产生规律,进行了碱处理煤样的恒温热解实验。将碱处理后的四组煤样各 40 g 放入煤样罐中,预先通入一段时间的氮气对装置中的氧气进行置换。通过质量流量计控制氮气流量为 50 mL/min,设置仪器升温速率为 8 ℃/min,将煤样在此条件下升温至 200 ℃,进行恒温热解实验,具体实验步骤参考4.3 节。实验对出口处碱处理热解产生的 CO 和 CO_2 气体浓度进行检测,并将其与原煤的实验数据进行了对比,得到的实验结果如图 5-7 和图 5-8 所示。

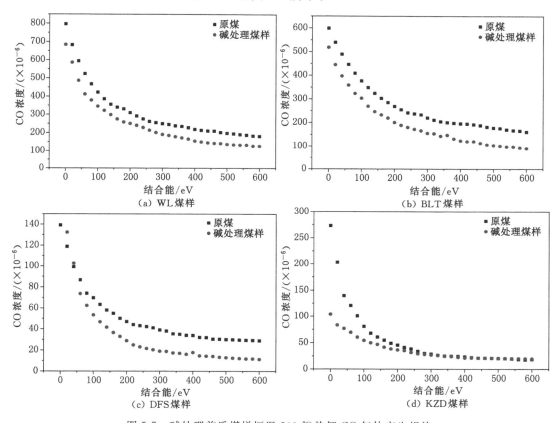

图 5-7　碱处理前后煤样恒温 200 ℃热解 CO 气体产生规律

图 5-7 为碱处理前后四组煤样在 200 ℃条件下恒温热解过程中的 CO 气体产生量随时间的变化关系。从图中可以明显地看出,原煤煤样和碱处理煤样在恒温热解过程中的 CO 气体的产生规律均是随着时间的推移呈现出指数型衰减的趋势,相应的衰减过程同样分为快速下降、缓慢下降和相对稳定三个阶段。对比碱处理前后煤样的热解过程可以发现,碱处理后煤样的 CO 产生浓度在整体上明显低于原煤煤样。导致这一现象的原因可能在于一部分导致 CO 产生的羧基官能团从煤中脱除,这说明碱处理能够减少煤中的羧基结构并导致羧基受热分解产生气体的减少。因此,由图中的实验结果可以发现,煤样经碱处理后羧基分

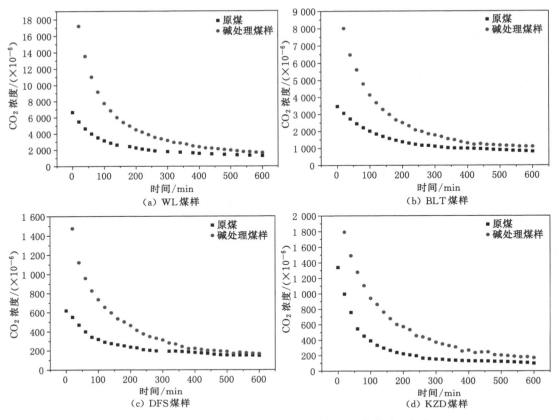

图 5-8　碱处理前后煤样恒温 200 ℃热解 CO_2 气体产生规律

解产生的 CO 浓度减小,伴随 CO 气体产生的活性位点产生量也随之减少。

煤样恒温热解过程中的 CO_2 气体产生规律如图 5-8 所示。煤样碱处理前后恒温热解过程中的 CO_2 产生规律同样随着时间的推移呈指数型衰减的趋势,然而与碱处理后 CO 的产生规律截然不同,碱处理后的煤样恒温热解过程中的 CO_2 产生浓度明显高于原煤的产生浓度。由含氧官能团的分析结果可知,煤样碱处理后经过多次水洗且羧基含量明显降低,且降低值明显高于羰基。若羧酸盐的存在不对羧基的热解过程造成影响或者影响很小,则对应碱处理煤样的热解 CO_2 气体产生量应该同样低于原煤,这与实测数据明显相反。因此,CO_2 浓度增加应该归因于碱处理后生成羧酸盐的大量分解,推测碱金属的引入降低了羧酸受热分解产生 CO_2 的活化能。前文中的研究发现,煤样受热分解产生 CO 和 CO_2 的过程中伴随着活性位点的产生,其中羧基受热分解产生 CO_2 的过程在活性位点的产生过程中占据主导地位。因此,碱处理后的煤样虽然 CO 的产生量较少,但是 CO_2 的大量产生导致活性位点的总量明显增加。煤样的碱处理过程能够通过引入碱金属离子的形式促进羧酸的受热分解而导致活性位点的大量生成。

5.3.2　碱处理煤样热解后的常温氧化实验

煤样的碱处理过程由于含氧官能团的脱除降低了由羰基热分解而产生的活性位点浓

度,但是极大促进了由羧基受热分解而产生的活性位点浓度。为了验证引入的碱金属元素对煤样中活性位点产生的促进作用并研究羧酸盐的热解对活性位点氧化过程的影响,还进行了碱预处理煤样在恒温热解后的常温氧化实验。在四组煤样经过热解实验后,将煤样在惰性气体条件下自然冷却至常温(30 ℃),并在此温度条件下保持 10 h,以保证煤样处于稳定的状态。实验前首先测量室温条件下煤样在惰性条件下的气体产生量,发现无气体产生。此时将气体供应切换为 30 mL/min 干空气,每隔一段时间测量煤样的出口处气体组分浓度变化,并记录下煤样的煤心温度随时间变化情况。其中,热解后的四组煤样冷却至常温进行氧化反应的过程中煤心温度及气体组分浓度随时间的变化关系如图 5-9 所示。

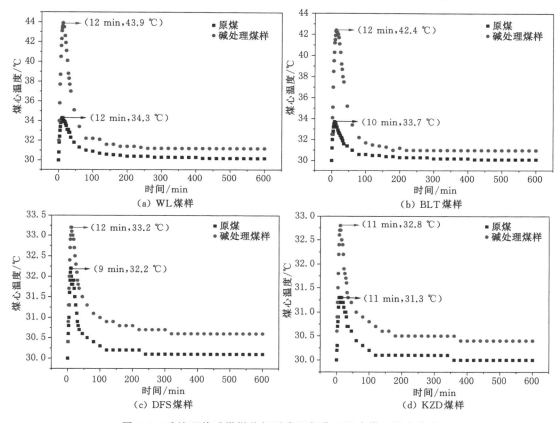

图 5-9　碱处理前后煤样热解后常温氧化过程中煤心温度变化

从图 5-9 中数据可以发现,碱处理后煤样在常温氧化过程中煤心温度远高于原煤煤样,其中变质程度较低、含氧官能团含量较高的 WL 和 BLT 煤样经碱液处理后煤心温度增幅最大,分别从 34.3 ℃ 和 33.7 ℃ 增加到 43.9 ℃ 和 42.4 ℃。这也再次说明经碱处理后的煤样在受热过程中产生了大量的活性位点,当活性位点与氧气接触时迅速发生氧化导致煤体的迅速升温,这导致了煤心温度的快速升高。值得注意的是,实验使用的碱处理煤样仅为 40 g,其中热解后的 WL 煤样能够在常温条件下自发地迅速升温达 13.9 ℃,因此煤样中羧酸盐结构在受热分解煤体煤炭自燃过程中起到极为重要的促进作用。

图 5-10 为碱处理前后煤样在热解后常温氧化过程中的氧气消耗量随时间的变化关系。

从图中数据可以看出,碱处理后煤样在氧化过程中的氧气消耗量明显高于原煤煤样,甚至前几分钟的氧气消耗量达100%。这说明碱处理后煤样在热解后的活性位点浓度明显高于原煤,煤样的氧化能力明显增强。碱处理煤样在热解后常温氧化过程中的这一现象与煤心温度的变化相一致,也同样说明碱处理后羧酸碱金属盐结构的存在能够促进活性位点的大量产生。

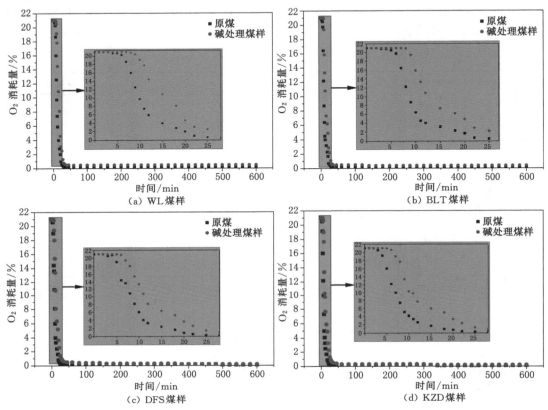

图 5-10　碱处理前后煤样热解后常温氧化过程中氧气消耗量

CO 作为衡量煤炭自然发火程度的标志性气体,对碱处理前后四组煤样在热解后常温氧化过程中 CO 浓度进行了对比分析(图 5-11)。与原煤热解后氧化过程的气体产生规律一致,CO 产生浓度随时间呈复合指数型衰减的规律,且煤样的变质程度越低,热解后常温氧化过程中 CO 气体的产生量越大。对比碱处理前后煤样的 CO 气体产生量可以发现,碱处理煤样在热解后的常温氧化过程中的 CO 产生浓度明显高于原煤煤样。这说明碱处理后煤样在热解过程中产生了更多的活性位点,常温条件下这些活性位点发生氧化产生较多的 CO 气体。这一观点与碱处理煤样热解后常温氧化过程中的煤心温度及耗氧量变化相一致,碱处理煤样热解后的 CO 浓度变化从侧面证明了羧酸盐结构对活性位点产生的促进作用。

与预想的结果不同,碱处理煤样在热解过程中的 CO_2 产生规律并未出现指数型衰减的趋势,且与 CO 的气体产生浓度不同,碱处理煤样在热解后的常温氧化过程中的 CO_2 产生浓

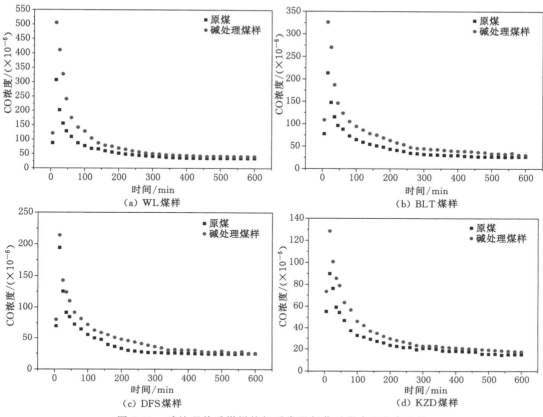

图 5-11　碱处理前后煤样热解后常温氧化过程中 CO 产生量

度明显低于原煤煤样(图 5-12)。通过前文中 CO 气体浓度、耗氧量及温度等变化规律可以发现,碱处理后煤样活性位点明显增加,活性位点氧化过程中 CO_2 产生浓度减小的原因可能在于煤对 CO_2 的吸附,煤样的碱处理过程导致小分子酸性结构的溶出,这一过程导致煤中孔隙结构的变化,使煤的吸附能力增强。此外,羧酸盐在热解阶段分解率较高,导致煤中羧酸基团减少,这也可能是在氧化阶段 CO_2 生成量降低的原因。

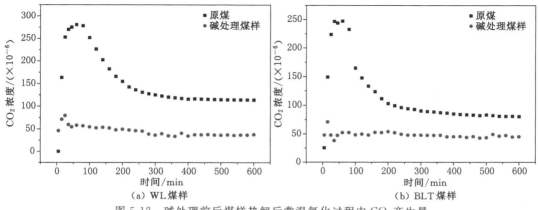

图 5-12　碱处理前后煤样热解后常温氧化过程中 CO_2 产生量

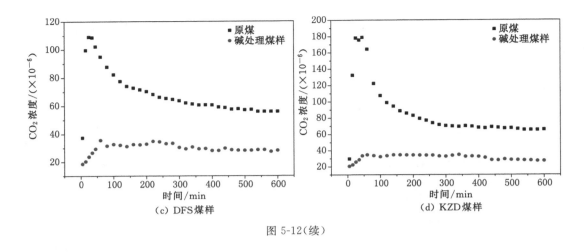

图 5-12(续)

　　综合对比分析碱处理前后煤样热解过程中气体产生规律以及热解后常温氧化过程中的煤心温度、氧气消耗量和气体产生浓度数据,可以确定离子交换法引入的碱金属能够明显地促进羧基官能团的分解,产生更多的活性位点。相比煤中的羧基结构(—COOH),煤中的羧酸盐结构更有利于活性位点产生,对受热分解煤体的煤自燃过程具有重要的促进作用。

5.4　羧酸碱金属结构对活性位点产生的影响机理

　　由上节中的实验数据可以明确得到,煤样碱处理能够通过离子交换的形式向煤中引入大量的碱金属元素,且羧酸盐结构的存在导致了低温热解过程中大量活性位点的产生。为了进一步研究羧酸碱金属盐活性位点的产生过程对煤炭自燃过程的影响,选择 WL 煤样依次进行煤样的酸洗—碱处理—二次酸洗实验,利用 SEM-EDX 和 TG-DSC 分析技术分别对煤样处理过程中的元素变化和不同处理方式下煤样氧化过程中的热分析参数进行测试。

5.4.1　预处理煤样的 SEM-EDX 分析

　　利用扫描电镜和能谱分析相结合的方式研究了煤样经过酸碱预处理后表面的形态和元素分布情况。实验使用 FEI QuantaTM 250 型扫描电子显微镜,选择高真空模式图像采集(非导电样品)＋能谱分析(面分析)模式,进行了样品放大 1 000 倍后的相关扫描,测试结果如图 5-13 所示。

　　从图 5-13 中 SEM 分析结果可以看出,煤样经过酸处理后表面结构形貌变得较为平滑,而经过碱处理煤样由于溶解出一部分有机物而导致其表面变得比较粗糙。而对煤中的元素分析可以发现,原煤中除了 C、O 等常规元素外还含有 Ca、Al、Si 等元素,经过酸处理后的煤体这些元素仍然存在,说明上述元素主要以无机物矿石的形式存在于煤中。经过碱处理后的煤样能够明显地看到均匀分布的 Na 元素,这说明碱处理向煤体中引入大量的碱金属离子。值得注意的是,碱处理后的煤样会经过大量去离子水的清洗,但这些碱金属的大量存在也再次说明碱处理煤样碱金属与煤通过有机键的形式紧密连接在煤体结构上。进一步通过二次酸洗可以明显发现 Na 元素消失,也证明碱处理后发生有机结合的钠元素能够通过酸

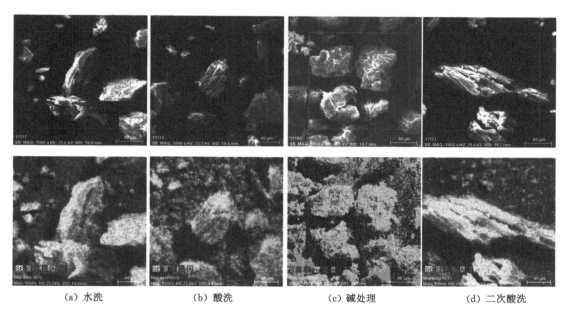

| (a) 水洗 | (b) 酸洗 | (c) 碱处理 | (d) 二次酸洗 |

图 5-13　WL 煤样不同条件下的 SEM-EDX 测试结果

洗的方式置换出来,进而与煤有机结构发生分离。

5.4.2　预处理煤样热解后的常温氧化实验

　　煤样热解后常温氧化过程中的温度和 CO 浓度数据是反映热解过程活性位点产生浓度及氧化程度的重要参考指标。为了研究酸碱预处理过程对活性位点产生和氧化过程的影响,进行了四种预处理煤样 200 ℃热解后的常温氧化实验,对常温氧化过程中的这两种重要指标进行了分析,实验结果如图 5-14 所示。

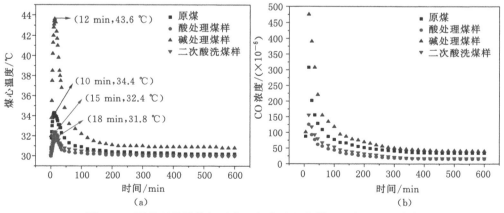

图 5-14　预处理煤样热解后常温氧化过程中煤心温度和 CO 浓度

　　如图 5-14 所示,煤心温度随着氧化时间的增加均呈现先迅速升高后快速降低的趋势,导致这一现象的原因在于活性位点的快速氧化放热以及煤样热量的散失。对不同处理方式而言,相比原煤煤样,煤样的酸处理明显抑制了活性位点的产生,导致常温氧化升温幅度的降低;而煤样碱处理过程很大程度上促进了活性位点的产生;碱处理后再次酸处理又再次抑制活性位点产生量,导致温升幅度的降低。此外,不同处理方式煤样在氧化过程中 CO 浓度随着氧化时间增加呈指数型衰减,其中碱处理明显增加了 CO 的产生浓度,而酸处理可以减少活性位点常温氧化过程中 CO 的产生。不同处理方式下煤样的温度和 CO 产生浓度的变化规律均说明煤中羧酸碱金属结构对活性位点产生的影响很大,碱处理将煤中羧酸结构转化为羧酸盐明显促进活性位点的产生过程,而酸处理能够将羧酸盐还原成羧酸以抑制羧基结构的分解和活性位点的产生。

5.4.3　预处理煤样的热分析实验

热重技术是指在程序控温条件下连续测量样品质量与温度之间依存关系的热分析技术,煤样的热重分析技术目前被广泛地应用于煤的自燃特性对比[177-179]。为了进一步分析羧酸盐的存在和分解对煤炭氧化过程的影响,进行了四组预处理煤样在氧化过程中的热分析实验。实验使用 21% 的干空气进行供气,设定煤样的供气速率为 50 mL/min,煤样的升温速率为 5 K/min,将煤样从常温升温至 800 ℃ 进行测试。通过相应的 DTG 失重速率以及 DSC 放热数据,进行煤样的热稳定性和热释放过程比较。

图 5-15 为不同预处理条件下煤样在氧化过程中的 DTG 曲线。从图中可以明显发现,不同的处理方式所得到的 DTG 曲线明显不同,其中原样和两个酸处理煤样在氧化过程中产生了两个明显的失重峰,分别对应煤中水分的蒸发过程(peak-1)以及煤中有机物的快速氧化过程(peak-2)。相比原煤,碱液预处理后煤样在氧化过程中除出现水分的蒸发失重峰外,有机物的氧化失重速率峰明显被劈裂为两个失重反应峰(peak-3 和 peak-4)。对于煤的氧化反应而言,热分析法得到的正常氧化失重速率峰仅有一个,在正常的失重速率峰之前的非正常峰是反应速率的突然增加引起的。而对于由有机物氧化导致的失重峰温度而言,碱处理煤样的第一个峰值温度较原煤提前了 10.71 ℃,而第二个峰值温度较原煤滞后了 51.38 ℃。碱处理后的两个劈裂峰中的第一个(peak-3)对应于羧酸盐 CM—COONa 的热分解反应以及分解产生活性位点引发的有机物的氧化过程;第二个(peak-4)可能是由于

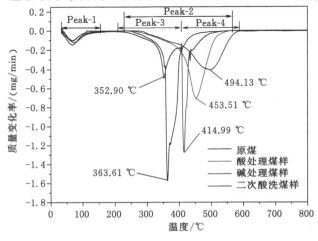

图 5-15　预处理煤样氧化过程中的 DTG 曲线

CM—Na 结构的热分解反应[85]以及分解产生活性位点引发的有机物的氧化过程。酸处理能够明显将热失重峰出现的温度向后推迟,一次酸洗和二次酸洗失重峰值温度分别向后推迟了 89.9 ℃和 130.52 ℃。碱处理后煤样的二次酸处理实验结果表明,羧酸碱金属盐对煤炭的低温氧化过程影响很大。不同煤样在氧化过程中相同升温速率下的失重峰峰值温度能够很好地代表煤样发生氧化的难易程度,酸处理煤样能够明显抑制煤炭氧化过程。

差示扫描量热法能够直观地观测煤氧化过程中的能量释放,也是判断物质热反应过程的重要分析方法[180-181]。从煤样放热量随煤体温度的变化曲线(图 5-16)可以发现,煤样首先经历水分蒸发的吸热过程,随着温度的升高逐渐转化为煤中有机物氧化的放热状态。与失重速率曲线类似,碱处理后煤样的放热峰也由原煤样的一个较大的放热峰劈裂为两个。第一个峰值温度较原煤提前了 15.66 ℃,而第二个峰值温度较原煤延迟了 41.75 ℃。这一结果也再次证明了碱处理后的煤样产生了的羧酸盐物质在受热分解过程中一部分产生了活性位点促进有机物的氧化和放热过程,另一部分生成了键能更强的产物而导致放热峰推迟。煤样的热释放过程中的峰值温度也能够很好地表现出煤样发生氧化的难易程度,酸处理明显抑制煤样的氧化过程。其中,二次酸洗较一次酸洗放热峰峰值温度继续后移的原因可能在于碱处理过程中部分羧基官能团的溶出。

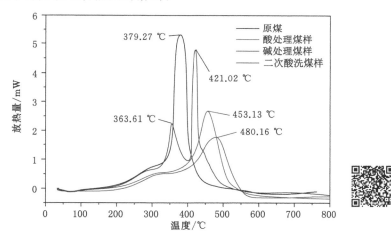

图 5-16　预处理煤样氧化过程中的 DSC 曲线

5.4.4　羧酸碱金属盐结构的影响机理分析

煤中含有大量的碱金属元素,其中一些阳离子与含氧官能团有机结合形成羧酸盐结构,对活性位点的产生和后续的氧化造成很大影响。不同处理条件下煤样的 SEM-EDX 分析表明,碱处理能够向煤中引入大量的碱金属元素,而酸处理则能够将煤中的碱金属置换出来。煤样热解后常温氧化实验和氧化过程中的热分析实验表明,煤中羧酸盐结构的存在能够降低热解低温段反应的活化能,使其更易分解产生活性位点,从而加速煤样氧化反应的进行。因此,有必要对煤中羧酸碱金属的受热分解过程进行深入分析,从活性位点产生的角度找到上述现象发生的内在原因。

结合实验过程中的元素分析和官能团分析结果可知,原煤的酸洗预处理可以通过将其中的羧酸盐转化为羧基(R1)来去除金属离子。在煤样升温过程中酸洗产生的羧基和原煤中本身存在的羧基被热分解产生 CO_2,同时产生活性自由基(R2)。煤样的碱处理过程能够通过离子交换的形式将煤中的酸性含氧官能团结构转化为羧酸碱金属盐(R3)。这些碱金属的引入能够降低热分解反应的活化能对羧基官能团的受热分解起到重要的促进作用,从而导致煤中活性位点和二氧化碳气体的大量生成(R4)。相应的反应过程如下:

$$CM—COONa + HCl \longrightarrow CM—COOH + NaCl \tag{R1}$$

$$CM—COOH \xrightarrow{E_1} CM\cdot + CO_2 \tag{R2}$$

$$CM—COOH + NaOH \longrightarrow CM—COONa + H_2O \tag{R3}$$

$$CM—COONa \xrightarrow{E_2} CM\cdot + CO_2 + Na \tag{R4}$$

其中,CM 指代煤基;CM· 指代脱酸后的自由基。根据四种预处理煤样的 DTG 曲线,可以看出相比羧酸结构,羧酸盐结构在低温下更容易受热分解。因此,羧基热分解的活化能应高于羧酸盐的活化能($E_1 > E_2$),这增多了碱处理样品在低温热解过程中的活性位点。活性位点的产生多少与煤炭氧化特性强弱直接相关,热解过程中活性位点的产生量越多,相同温度下煤样氧化过程越剧烈。羧酸碱金属结构受热分解过程对自燃过程的详细影响机理如图 5-17 所示。

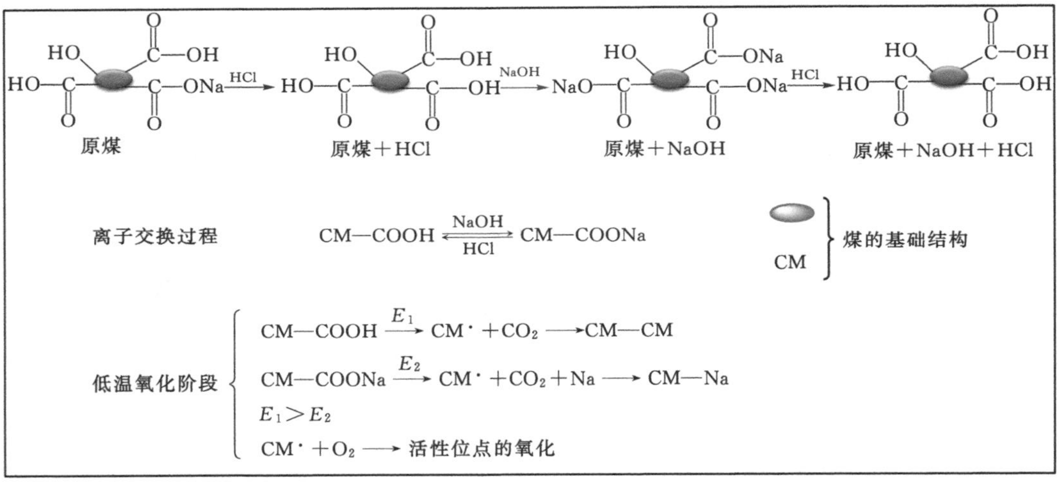

图 5-17　羧酸碱金属结构受热分解过程对自燃过程的影响机理

煤中羧基结构包括羧酸结构和羧酸盐结构,这其中羧酸碱金属盐结构分解活化能更低,能够在低温下发生分解产生大量的活性位点,对煤样的低温氧化过程起到很大的促进作用。因此,若采用酸液处理置换出羧酸盐结构中的金属阳离子或者稳定煤基质与碱金属之间的键合结构必能在一定程度上抑制煤炭自燃的发生。

6 活性位点的本质及受热分解煤体煤自燃机理研究

上述章节中主要阐述了受热分解后煤样中活性位点的宏观氧化现象，即煤中含氧官能团在一定的温度条件下会发生受热分解，产生 CO、CO_2 等气体产物的同时伴随大量活性位点的出现；而这部分活性位点能够在惰性气体条件下稳定存在，当与氧气接触后发生迅速氧化，产生大量的 CO 和 CO_2 等气体产物并释放出大量的热导致煤体温度的迅速上升。同时实验还发现经历多次热解后常温氧化的煤体仍然可以在热解后发生常温氧化现象并放出大量的热，这说明含氧官能团热解后产生的活性位点可以进一步氧化形成含氧官能团，整个反应应该是含氧官能团和活性位点相互转化的反应过程。然而上述结论只是基于煤心温度及相应气体产物变化的定性推断，还没有相应的实验加以直接证实。此外，实验虽然提出了活性位点的常温氧化观点，并通过查阅文献和理论分析推测其为自由基，然而这一观点同样需要直观数据的证明。因此，需要借助先进的仪器设备开展活性位点的本质属性及其与含氧官能团的转化关系的进一步研究。

本章将分别利用红外光谱与电子顺磁共振的测试手段对煤在低温热解及氧化过程中的自由基及官能团结构变化进行测试。可根据实验结果分析活性位点的本质及活性位点与含氧官能团之间的相互转化关系，研究成果将会对深入理解受热分解煤体煤自燃机理，建立宏观含氧官能团与微观活性位点之间的联系，描述煤在低温条件下详细的氧化反应过程以及针对性开发抑制煤炭自燃的新型高效阻化剂等方面具有重要意义。

6.1 煤样低温热解/氧化过程中的官能团演化规律

官能团作为具有较高活性的原子或原子团在很大程度上决定了有机物所具有的化学性质。煤作为一种复杂的有机结构，含有大量的官能团结构，如烷基、羟基、羧基、醛基、羰基、醚键等。红外光谱作为一种有效的测试物质的微观结构变化的分析手段被大量地应用于煤低温氧化阶段各官能团（如烷基、含氧官能团、苯环结构等）的变化研究中。根据测试方法的不同，红外光谱分析方法分为采用压片形式的透射法和采用样品反应池的原位漫反射法。目前虽然透射法被广泛应用在煤化学结构的分析中并取得了丰硕的科研成果，然而该方法由于仪器自身、称量、研磨、压片及制样环境条件的变化而造成误差较大，因此能够实现对煤样在升温过程中官能团随温度连续变化进行测试的原位漫反射法逐渐得到重视和应用。此外，在煤样的氮气升温过程中含氧官能团不可避免地发生受热分解产生活性位点，为避免活性位点在压片处理过程中发生氧化，也要求选择原位红外的方法进行煤样的升温测试分析。

6.1.1　实验设备及方法

　　实验选择四组不同的煤样进行不同气氛条件下（氮气和干空气）升温过程中官能团的演化规律研究。原位红外光谱实验采用 NICOLET iS50 型原位红外光谱仪进行红外光谱测试，实验装置如图 6-1 所示。

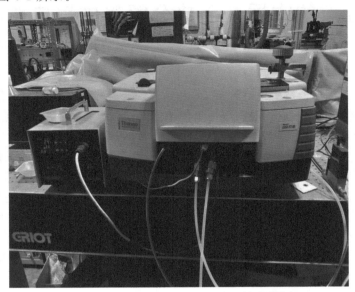

图 6-1　NICOLET iS50 型原位红外光谱仪

　　选取粒径 0.074 mm 以下的煤样在 40 ℃的真空环境下干燥 48 h 以尽可能地排除表面水分，将干燥后的样品装入原位样品池中，并保持样品表面平整。通入流量为 50 mL/min 的 N_2（热解）或者 Air（氧化）并以 5 K/min 的加热速率将煤样升温至 220 ℃，每间隔 1 min 进行一次红外谱图的采集。实验波数范围为 400～4 000 cm^{-1}，分辨率 4 cm^{-1}，样品扫描 16 次，红外光谱的吸收强度转换成 Kubelka-Munk 单位用于数据的比较和分析。实验结束后对所得红外光谱图进行空白背景扣除并进行基线校正。在实验过程中主要测试烷基（甲基、亚甲基、次甲基）和含氧官能团（羰基、羧基）的演化规律，同时分析煤中稳定的芳香结构并作为参照标准。结合文献资料以及 2.3 节中的红外分峰拟合结果，六种特征官能团的峰位归属如表 6-1 所示。

表 6-1　煤中六种特征官能团的峰位归属

特征官能团	波数/cm^{-1}
甲基（—CH_3）	2 955
亚甲基（—CH_2—）	2 922
次甲基（—CH）	2 895
羰基（C＝O）	1 650
羧基（—COOH）	1 710
芳香结构（C＝C）	1 605

6.1.2 原位红外图像的基线校准及归一化处理

受煤样测试时长以及测试温度因素的双重影响,不可避免地会造成煤样测试基线的漂移。因此,在分析不同特征官能团在升温过程中演化规律之前需要进行红外谱图的基线漂移校正。随机选取 WL 煤样在热解条件下某一温度点(100 ℃)的红外光谱曲线,对原位红外图像基线的不同校准方法进行分析。

图 6-2 是对煤样红外曲线进行自动基线校正后的红外光谱吸收曲线,由图可知煤样在原位升温过程中的红外光谱曲线与常温条件下的红外光谱曲线存在较大的不同,即煤样在升温过程中会造成水分的蒸发和气体的释放。图中 2 250~2 400 cm^{-1} 波数区间出现的负峰就是二氧化碳的释放导致的,同时可以发现 1 500~1 800 cm^{-1} 波数区间以及 > 3 500 cm^{-1} 波数区间存在大量的干扰峰。本次测试中主要对煤中的含氧官能团主要吸收区域 1 500~1 800 cm^{-1} 波数区间和烷烃的主要吸收区域 2 800~3 000 cm^{-1} 波数区间进行分析测试,以区间端点的连线作为基线对曲线进行去卷积处理得到各特征峰的峰面积变化规律是通常采用的定量分析依据。然而由于干扰峰的存在,实验过程中对 1 500~1 800 cm^{-1} 这一波数区间进行分峰似合得到的结果并不理想。大量的文献研究表明[182-184],煤样在 200 ℃以下的升温过程中不会造成芳香族 C═C 键的变化。因此参考前人经验,以含氧官能团区间内芳香族 C═C 键官能团对应 1 605 cm^{-1} 波数的吸收强度作为基准,对 1 500~1 800 cm^{-1} 波数区间含氧官能团进行升温过程中的基线漂移校正。四组煤样在升温过程中的芳香族结构光谱吸收随温度的迁移情况如图 6-3 所示。

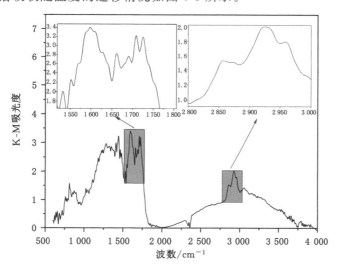

图 6-2 原位升温过程中 100 ℃条件下的红外光谱图像

由图 6-3 可以发现,煤中芳香结构的红外吸收强度随温度的升高呈现缓慢的线性增加趋势。由于煤中芳香结构在低温条件下的稳定性,上述结构正常情况下应该保持相对稳定的状态,因此证明煤样在升温过程中存在着基线的漂移现象。因此,若简单直接地对各活性官能团吸收强度随温度的变化规律进行分析存在较大误差。为了准确而直观地得到煤中各活性官能团随着热解温度的变化趋势,需引入相对峰强度作为参考量,用于进一步比较煤中

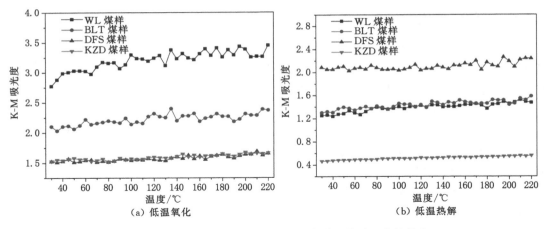

图 6-3　煤中芳香结构升温过程中的光谱吸收随温度的偏移

1 500～1 800 cm⁻¹ 波数区间含氧官能团在升温过程中的演化规律。实验将这一波段内待测官能团峰强度与芳香族(1 605 cm⁻¹)峰强度的比值作为相对峰强度,以煤样在常温条件下的官能团相对峰强度作为参考标准值 1,对不同温度条件下的相对峰强度参数进行归一化处理。

对于 2 800～3 000 cm⁻¹ 波数区间的烷基变化,由于煤样升温过程中气体和水分的释放对这一区域影响不大,因此这一区域主要采用分峰拟合的方法进行官能团随温度变化的定量分析。采用 PeakFit v4.12 软件对各温度下的这一区域进行分峰,采用两个端点的连线作为基线,分峰方式采用 Gauss＋Lor Area 的方法进行,峰的形状宽度选择为可变,拟合次数为 500 次,拟合度达到 0.999 以上认为拟合完成。对测试过程中选取的随机点的烷基拟合曲线和分峰得到的面积积分结果如图 6-4 所示。在数据分析过程中同样以煤样在常温条件下的烷基官能团面积作为参考标准值 1,对不同温度条件下的相对参数进行归一化处理。

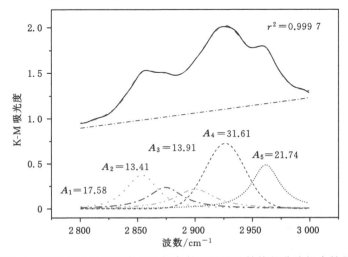

图 6-4　煤原位升温过程中 100 ℃条件下的烷基结构的分峰拟合结果

6.1.3 煤样低温热解过程中的官能团演化

进行了煤样在低温热解(30～220 ℃)过程中的原位红外谱图测试实验,得到的红外光谱三维图像如图 6-5 所示。其中,X 轴为波数区间,不同的特征官能团对应不同的波数;Y 轴是温度变量,升温过程中共计进行了 39 个温度点的红外分析;Z 轴为升温过程中不同官能团对应的光谱吸收强度。

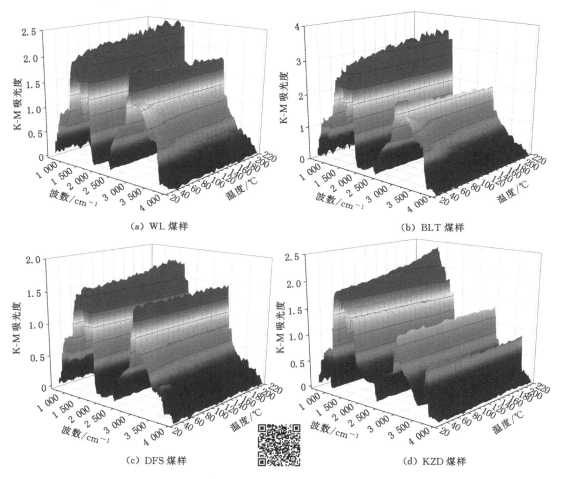

图 6-5　四组煤样低温热解过程中的原位三维红外图

从图 6-5 中可知,四组煤样在升温过程中的红外光谱曲线呈现明显的不同。为了对煤中含氧官能团和烷烃随温度的变化规律进行定量分析,分别采用相对强度和分峰拟合的方法对含氧官能团和烷基官能团的相关测试数据分别进行校正,得到四组煤样各特征官能团随热解温度的演化规律,如图 6-6 所示。

从图 6-6 中可以发现不同的活性官能团结构随着温度的升高均呈现出明显不同的变化趋势。其中羰基和羧基所处的 1 650 cm⁻¹ 和 1 710 cm⁻¹ 相对强度随温度升高呈明显下降的趋势,这与煤样的受热分解过程中 CO 和 CO₂ 气体的产生趋势相对应,直观地说明羧基及羰

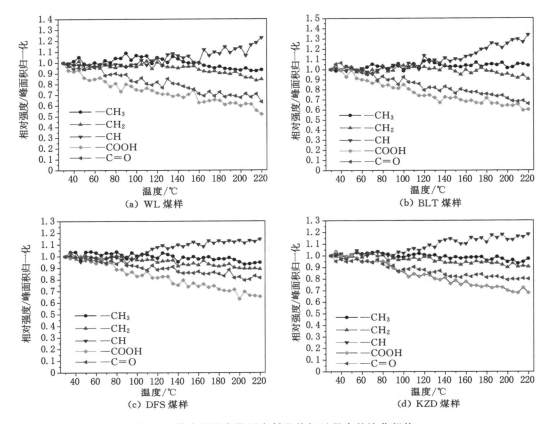

图 6-6　煤中活性官能团在低温热解过程中的演化规律

基等键能较小的含氧官能团能够在较低的温度条件下发生分解。同时根据 2 955 cm^{-1}、2 922 cm^{-1} 和 2 895 cm^{-1} 处的变化趋势可以看出煤中甲基、亚甲基在低温条件下较为稳定，其含量仅在高温下存在一定程度的降低，而煤中次甲基的含量随热解温度的升高而增加。钮志远[96]在研究官能团热解过程中同样发现这一现象，并认为烷基在高温条件下才能发生分解，同时由于基团中自由基反应的作用导致次甲基含量升高。此外，对不同的煤样而言，含氧官能团的变化量明显有所不同，变质程度较低的煤样在整个热解过程中的变化量最大，这也与热解过程中气体的释放和活性位点的产生规律相一致。

6.1.4　煤样低温氧化过程中的官能团演化

为研究煤样在低温氧化条件下各活性官能团的演化规律，实验同时进行了煤样在 30～220 ℃ 温度区间氧化过程中的原位红外光谱测试，四组煤样的原位红外测试结果如图 6-7 所示。

与煤样在低温热解过程中的处理步骤相似，为了尽可能地消除测试过程中基线漂移对测试结果造成的影响，首先分别以 1 605 cm^{-1} 波数对应的芳香族 C＝C 键官能团吸收强度和 2 800～3 000 cm^{-1} 波数区间分峰峰面积作为参考量，对不同波段的实验数据分别进行校正并作归一化处理。校正和归一化处理后得到的四组煤样各特征官能团在低温氧化过程中

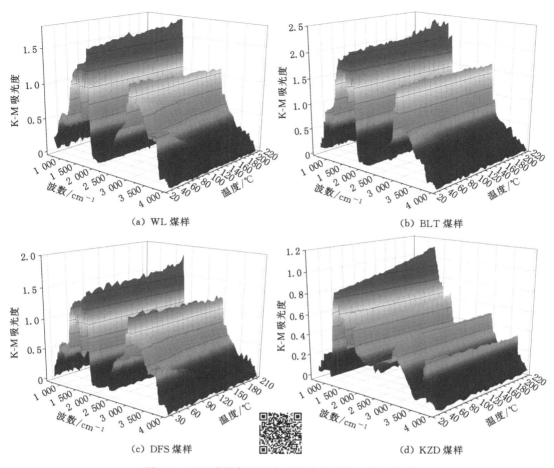

（a）WL 煤样　　　　　　　　　　　（b）BLT 煤样

（c）DFS 煤样　　　　　　　　　　　（d）KZD 煤样

图 6-7　四组煤样低温氧化过程中的原位三维红外图

的演化规律如图 6-8 所示。

　　从图 6-8 中可以看出，低温氧化过程与低温热解过程中的活性官能团变化存在明显的差异。其中烷基官能团的甲基和亚甲基含量在一定的温度条件下就开始降低，且随着温度的升高消耗速率逐渐增加，这一现象出现的原因是烷基的大量氧化造成的。不同于甲基和亚甲基持续降低的趋势，2 895 cm^{-1} 处次甲基随着氧化温度的升高先增加后减少，增加的原因主要是热解过程导致的，后期的快速消耗则是氧化导致的。此外，1 705 cm^{-1} 和 1 650 cm^{-1} 处羧基和羰基在煤样的低温氧化过程中随着温度升高呈现降低、相对稳定和迅速增加的趋势，其中官能团含量降低应归因于煤样的受热分解过程，相对稳定段说明官能团分解量和氧化产生量持平，而氧化后期官能团含量的快速增加说明含氧官能团的产生速率高于其受热分解速率。因此，根据烷烃基团消耗的趋势与含氧官能团增长的趋势，可以确定低温氧化后期大量的烷基官能团发生了氧化反应并生成了大量的含氧官能团结构。

　　对含氧官能团分解温度和烷基氧化温度的分析可知，低温氧化过程中首先发生的是含氧官能团的受热分解过程，然后才是烷基结构的氧化。有研究者[111]利用高斯软件计算烷基发生氧化的活化能在 152.18～218.56 kJ/mol 之间，烷基的氧化过程很难在低温条件下发

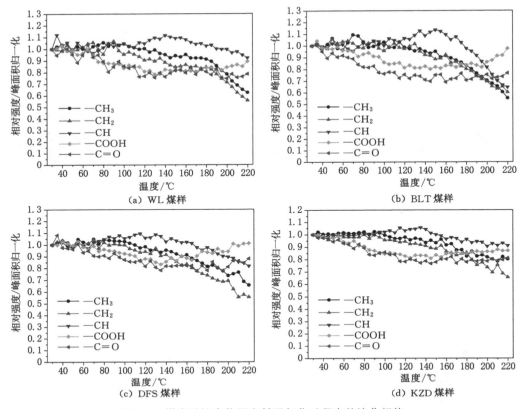

图 6-8　煤中活性官能团在低温氧化过程中的演化规律

生。此外,烷基中的甲基和亚甲基热解过程中同样未发生明显变化,这说明煤样首先需要产生活性位点,然后活性位点的产生和氧化引起烷基结构的活化。因此,煤样在低温氧化过程中红外谱图上表现出的烷基氧化消耗并不是烷基的自氧化过程,烷基的氧化应首先经历自由基的夺氢活化过程并转化为烷基自由基活性位点。活性位点的产生和氧化在自由基夺氢过程中扮演着至关重要的作用,活性位点对烷基侧链官能团的这一活化过程将会在 6.3 节进行具体讨论。

6.2　煤样低温热解/氧化过程中的自由基演化规律

含氧官能团在低温受热分解过程中产生了能够在常温条件下发生氧化的活性位点,然而目前对活性位点的本质属性和物化性质认识不清。虽然大量的文献和数据推断活性位点为自由基,但这一观点还需直接的测试数据加以证明。目前电子顺磁共振(ESR)技术作为检测自由基的有效方法,具有重复性好、灵敏度高、不损坏实验样品以及可连续追踪自由基演化规律的优点,在以往的自由基的相关测试中应用广泛。因此,采用能够直接测量自由基浓度的电子顺磁共振仪对煤在受热分解过程中的自由基变化进行测试,为了进一步分析煤的低温氧化过程,研究了煤在升温氧化过程中的自由基变化情况。

6.2.1 实验设备及方法

为了证明活性位点的本质属性,设计了煤样在低温氧化以及低温热解过程中的自由基种类及浓度变化规律的相关测试。然而若对样品进行预先的热处理然后降至常温进行常规测试,由于活性位点的常温氧化特性,将很难真实反映活性位点在升温过程中的变化情况。另外,常温条件下测得的自由基往往是不容易发生氧化的惰性自由基。因此,与以往的常规常温测试手段不同,本实验采用能够程序控温的 MS-5000 型自由基测试仪器,并加工了相应的气路系统对煤样在升温过程中的自由基参数进行测试,相关的实验装置如图 6-9 所示。该仪器的相关操作参数设置如下:仪器的微波频率 947 MHz,调制频率 100 kHz,微波功率 10 mW,中心磁场强度 338 mT,调制宽度 0.2 mT,扫描时间 60 s。本次自由基测试实验共针对四组不同煤样分别研究各煤样在惰气及空气两种气氛条件下升温过程中的自由基参数变化规律,其中氮气气氛下主要用于研究自由基的产生规律,而空气气氛下则是对比研究升温氧化过程中自由基的演变规律。

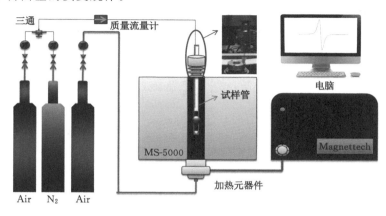

图 6-9　煤样升温过程中的自由基测试装置

实验前选择粒径在 0.075 mm 以下的煤样,然后将煤样在温度为 40 ℃ 的真空条件下干燥 48 h 备用。实验时将适当煤样缓慢放入直径 3 mm 的测试石英管中,称取并计算待测煤样质量;测试管用四氟乙烯密封,两个针形导气管作为进出气口分别扎入 8 cm 和 1.5 cm,打开供气钢瓶为石英试管中煤样提供合适的气体氛围,当进行热解实验时则将三通阀调至接通氮气,氧化实验则接通空气钢瓶,并通过质量流量计将供气流量调节至 50 mL/min;打开另一空气钢瓶,调整减压阀空气压力至 0.3 MPa 为底部加热元件供气并提供加热气氛;设置煤样的加热温度范围为 50～220 ℃,升温速率为 5 K/min,每间隔 10 ℃ 测试一组相关的自由基参数。

6.2.2 煤样低温热解过程中的自由基变化

首先通过接通氮气进行煤样的热解过程实验,得到四组煤样在不同温度条件下热解的 ESR 波谱图。每个煤样分别获得 18 组波谱图形,因实验图形较多,为更为简洁明了地分析波谱变化,代表性选取 50 ℃、100 ℃、150 ℃、200 ℃ 这四个温度点进行对比分析。四组煤样不同温度条件下热解过程中 ESR 波谱对比如图 6-10 所示。图中横坐标为外加磁场强度，纵坐标为共振吸收强度的一次微分。

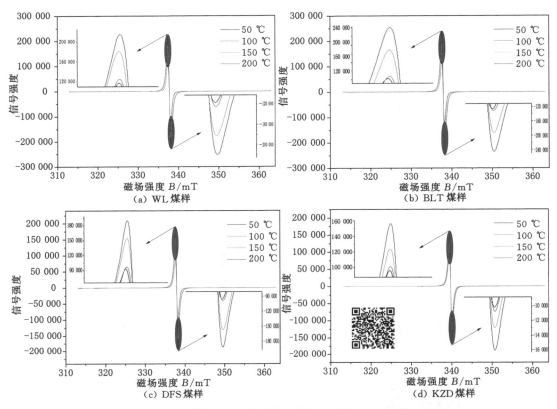

图 6-10　四组煤样不同温度条件下热解过程中 ESR 波谱对比图

由图 6-10 可以看出，随着磁场强度的增加，微波吸收强度呈现出先快速正向增加后迅速降低，再负向增加后减弱为零的过程，吸收强度在磁场强度为 335～345 mT 之间时呈现高斯型快速变化趋势。对不同煤样进行分析可以发现，煤样的最高吸收峰值强度及最高峰值对应的磁场强度各不相同。变质程度较低的 WL 和 BLT 煤样峰值强度较大，而变质程度较高的 DFS 和 KZD 煤样峰值强度则较小。值得注意的是，原煤中的自由基浓度并不随着煤样变质程度的增加而减小，相反一般情况下变质程度最高的无烟煤中自由基的浓度却较高。这是由于变质程度较高的煤体中存在大量的芳香烃及复杂的侧链结构，在苯环的电子离域以及空间位阻效应下，自由基很容易稳定存在。另外，自由基最高吸收峰值出现的磁场强度也随着变质程度的增加而增大。对同一煤样的不同温度条件谱图曲线进行比较可以发现，四组煤样谱图的最高峰值强度均随着温度的升高而增大，这也意味着煤样中的自由基浓度随着煤样温度的升高而增大。自由基浓度随温度的大体变化可分为三个重要的阶段：首先在较低的温度条件下，如 50～100 ℃温度段，随着温度的升高可以定性地看出自由基浓度增加幅度较小，产生这一现象的原因在于温度较低时官能团分解程度较低、产生自由基较少；而在 100～150 ℃温度条件下，自由基浓度随着温度的升高快速增加，与上一温度阶段对应，活性位点在此温度段快速增加应该归因于煤中含氧官能团在高温条件下发生受热分解产生自由基,随着温度的升高含氧官能团的大量分解导致了自由基的产生量快速增加;当温度进一步增加时,在150～200 ℃温度区间,可以发现虽然自由基浓度有所增加,但增加速度明显趋缓。造成上述现象的原因可能在于两个方面:一方面,含氧官能团在前期大量分解导致含量下降而引起分解速率下降;另一方面,实验所用试管较小,自由基浓度的增加导致自由基猝灭概率增加,整体上表现为自由基浓度增加量的减少。因此,根据四组煤样不同温度条件下热解过程中 ESR 波谱对比图可以得到,伴随温度的升高煤中官能团发生受热分解导致自由基浓度的增加,但自由基浓度随温度的变化并非线性关系,而是先缓慢增加、后快速增长然后趋缓的过程。

为了进一步对低温热解过程中的自由基参数进行详细定量分析,实验得到了四组煤样在升温过程中的 g 因子、线宽 ΔH、峰面积 A、自由基浓度 N_g 等重要参数。此外,煤样自燃特性被认为与自由基升温过程中的增加量或增加速率紧密相关。因此,除上述重要参数外,实验还引入了两相邻温度间的自由基增加量对低温热解过程中的自由基演化规律进行研究,测试得到四组煤样在各温度点下热解过程中自由基的相关参数如表 6-2、表 6-3、表 6-4 和表 6-5 所示。

表 6-2　WL 煤样在热解过程中自由基 ESR 波谱主要参数

$T/℃$	g 因子	磁场中心/mT	半峰全宽/mT	峰面积	$N_g/10^{18}g^{-1}$	$\Delta N_g/10^{18}g^{-1}$
50	2.002 839	337.721	0.659 0	163 179.61	0.81	—
60	2.002 840	337.721	0.641 8	164 737.38	0.82	0.01
70	2.002 814	337.721	0.641 8	164 737.13	0.84	0.02
80	2.002 777	337.729	0.650 1	166 548.64	0.83	−0.01
90	2.002 779	337.721	0.641 8	169 571.24	0.85	0.02
100	2.002 807	337.729	0.650 1	176 408.44	0.87	0.02
110	2.002 815	337.729	0.641 8	193 937.07	1.06	0.19
120	2.002 720	337.746	0.675 1	219 316.70	1.31	0.25
130	2.002 750	337.746	0.683 4	245 879.59	1.60	0.29
140	2.002 696	337.729	0.680 1	270 443.87	1.76	0.16
150	2.002 689	337.746	0.675 1	293 314.92	2.05	0.29
160	2.002 581	337.754	0.691 8	311 718.20	2.34	0.29
170	2.002 720	337.737	0.691 8	328 547.36	2.60	0.26
180	2.002 575	337.771	0.691 8	328 212.66	2.85	0.25
190	2.002 686	337.762	0.683 4	348 464.51	3.11	0.26
200	2.002 580	337.762	0.658 4	357 012.43	3.34	0.23
210	2.002 650	337.762	0.666 8	363 774.71	3.44	0.10
220	2.002 603	337.721	0.666 8	367 207.61	3.82	0.38

表 6-3　BLT 煤样在热解过程中自由基 ESR 波谱主要参数

$T/℃$	g 因子	磁场中心/mT	半峰全宽/mT	峰面积	$N_g/10^{18}g^{-1}$	$\Delta N_g/10^{18}g^{-1}$
50	2.003 156	337.879	0.608 4	174 363.37	0.76	—
60	2.003 067	337.896	0.616 8	173 751.36	0.79	0.03
70	2.002 961	337.912	0.600 1	174 277.10	0.82	0.03
80	2.002 955	337.912	0.625 1	175 334.35	0.85	0.03
90	2.002 995	337.904	0.600 1	177 381.08	0.88	0.03
100	2.002 942	337.921	0.625 1	182 693.07	0.92	0.04
110	2.002 885	337.921	0.616 8	194 826.67	0.99	0.07
120	2.002 975	337.904	0.616 8	215 248.39	1.10	0.11
130	2.002 867	337.921	0.625 1	240 178.63	1.24	0.14
140	2.002 905	337.904	0.633 4	267 083.36	1.38	0.14
150	2.002 800	337.921	0.650 1	290 331.59	1.53	0.15
160	2.002 888	337.912	0.641 8	316 763.09	1.69	0.16
170	2.002 778	337.929	0.641 8	338 670.37	1.83	0.14
180	2.002 817	337.921	0.641 8	356 527.43	1.96	0.13
190	2.002 758	337.929	0.641 8	371 341.19	2.08	0.12
200	2.002 747	337.937	0.633 4	380 842.18	2.17	0.09
210	2.002 781	337.921	0.608 4	386 784.63	2.25	0.08
220	2.002 716	337.929	0.625 1	390 695.28	2.34	0.09

表 6-4　DFS 煤样在热解过程中自由基 ESR 波谱主要参数

$T/℃$	g 因子	磁场中心/mT	半峰全宽/mT	峰面积	$N_g/10^{18}g^{-1}$	$\Delta N_g/10^{18}g^{-1}$
50	2.003 220	337.887	0.675 1	134 359.79	0.22	—
60	2.003 068	337.904	0.583 4	135 243.62	0.21	−0.01
70	2.003 011	337.912	0.591 8	135 209.18	0.21	0
80	2.003 004	337.912	0.600 1	137 503.00	0.21	0
90	2.003 044	337.912	0.591 8	136 813.46	0.22	0.01
100	2.002 887	337.937	0.600 1	140 185.74	0.23	0.01
110	2.002 925	337.921	0.591 8	151 082.45	0.27	0.04
120	2.002 864	337.929	0.583 4	190 837.78	0.34	0.07
130	2.002 851	337.929	0.575 1	194 909.16	0.42	0.08
140	2.002 887	337.929	0.575 1	216 066.26	0.49	0.07
150	2.002 773	337.937	0.575 1	236 433.07	0.56	0.07
160	2.002 759	337.937	0.575 1	254 648.47	0.62	0.06
170	2.002 793	337.929	0.575 1	266 078.91	0.66	0.04
180	2.002 778	337.929	0.583 4	278 317.87	0.70	0.04
190	2.002 761	337.937	0.575 1	309 519.82	0.74	0.04
200	2.002 695	337.929	0.550 1	319 728.32	0.77	0.03
210	2.002 730	337.929	0.566 8	332 248.44	0.79	0.02
220	2.002 663	337.937	0.255 84	354 155.87	0.81	0.02

表 6-5　KZD 煤样在热解过程中自由基 ESR 波谱主要参数

$T/℃$	g 因子	磁场中心/mT	半峰全宽/mT	峰面积	$N_g/10^{18}g^{-1}$	$\Delta N_g/10^{18}g^{-1}$
50	2.002 834	337.896	0.575 1	143 019.75	0.19	—
60	2.002 782	337.904	0.575 1	143 529.94	0.19	0
70	2.002 772	337.896	0.575 1	141 769.98	0.17	−0.02
80	2.002 766	337.904	0.575 1	143 179.27	0.17	0
90	2.002 756	337.904	0.575 1	146 315.72	0.17	0
100	2.002 747	337.904	0.566 8	150 076.06	0.18	0.01
110	2.002 788	337.896	0.558 4	154 797.16	0.19	0.01
120	2.002 676	337.912	0.575 1	161 458.14	0.21	0.02
130	2.002 665	337.912	0.583 4	168 589.34	0.25	0.04
140	2.002 752	337.904	0.566 8	177 829.64	0.30	0.05
150	2.002 668	337.904	0.566 8	186 798.82	0.36	0.06
160	2.002 622	337.912	0.566 8	196 682.12	0.43	0.07
170	2.002 608	337.921	0.566 8	206 491.85	0.50	0.07
180	2.002 595	337.912	0.566 8	215 879.62	0.57	0.07
190	2.002 576	337.912	0.558 4	225 052.01	0.62	0.05
200	2.002 559	337.921	0.550 1	232 475.75	0.67	0.05
210	2.002 741	337.887	0.541 8	237 000.51	0.71	0.04
220	2.002 872	337.854	0.550 1	239 996.40	0.73	0.02

根据表 6-2 至表 6-5 得到四组煤样在热解过程中的自由基 g 因子及自由基浓度随温度的变化情况，如图 6-11 所示。

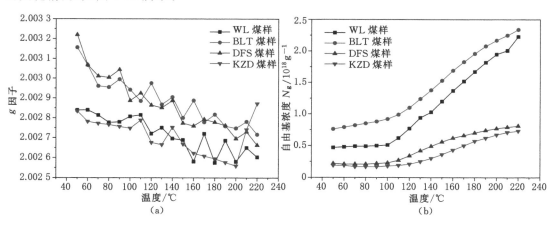

图 6-11　四组煤样在热解过程中的自由基 g 因子及自由基浓度变化

其中图 6-11(a)中的 g 因子是反映自由基分子结构特征的重要参数，不同的 g 因子在一定程度上代表着不同的自由基种类。在氮气条件下升温热解过程中测定煤样时，在四组煤样中都发现了自由基 g 因子的快速变化。随着温度的升高,除了 KZD 煤样在最后两个温度点 g 因子出现突然增加外,其余各煤样在升温过程中均呈明显的波动下降趋势。其中变化较大的 BLT 和 DFS 煤样的 g 因子值分别从 50 ℃ 时的 2.003 156 和 2.003 22 下降到 220 ℃ 时的 2.002 716 和 2.002 633。研究一般认为[185],芳香族碳中心自由基的 g 因子值最大(典型值 2.003 2),而自由电子的 g 因子典型值为 2.002 32,脂肪族碳中心自由基介于两者之间。这说明当测试管通入惰性气体升温过程中,煤样中出现了大量的次生自由基,且由 g 因子的大小可以判断煤样中的自由基类型从惰性芳香族自由基向活性脂肪族烷基自由基转变。因此,在煤样的受热分解过程中,伴随煤中较弱的含氧官能团的受热分解会产生新的烷基自由基,烷基自由基具有很高的活性能够与氧气发生迅速的氧化放热反应,热解后煤样发生的常温氧化现象可能与此密切相关。值得注意的是,通常认为煤样中的含氧官能团的受热分解一般发生在70 ℃ 以上,但是四组煤样在 50~70 ℃ 之间含氧官能团就已经有所减少,这与以前的研究者[186-187]仅用氮气吹扫发现自由基 g 因子变化的现象极为相似,相关的实验同样证明常温下氮气吹扫产生的新型自由基为烷基自由基,煤样中惰性气体的介入减少了碳自由基与氧气的自旋-自旋相互作用,这导致烷基碳中心自由基可以被监测到。这也说明原始煤样确实存在少量的烷基自由基,这一结论与较低温度下干燥后煤样出现原生活性位点的观点相一致。

自由基的浓度尤其是活性自由基的浓度能够很大程度上反映煤样的氧化活性。通过自由基 g 因子在氮气条件下升温过程中的变化可以发现煤样在受热分解过程中产生了大量的烷基自由基,而升温过程中烷基自由基的生成量又可以通过煤样中总的自由基的浓度增加值来进一步反映。实验发现,除 BLT 煤样外,其余三种煤样在 70 ℃ 之前均未有明显变化,说明在较低温度下通入惰性气体会通过减少碳自由基与氧气的自旋-自旋相互作用改变自由基种类而不引起自由基浓度的明显变化。当煤样的温度高于 70 ℃ 之后,不仅能够看到 g 因子的快速变化,也可以看到新产生的自由基浓度的快速增加,发生这一现象的原因在于含氧官能团的受热分解和活性烷基自由基的产生。通过各煤样自由基浓度随温度的变化速率可以发现,随着温度的升高、热化学反应速率的加快,煤样中自由基浓度也快速增长;然而当温度高于 200 ℃ 后,含氧官能团已发生大量分解,自由基产生速率亦明显减慢。这也与通过气体产生量推测的活性位点的变化规律相一致,再次证明煤样中含氧官能团的受热分解产生的活性位点应为活性较高的烷基自由基。对不同煤样中活性自由基的变化规律分析可以发现,自燃倾向性较高的 WL 和 BLT 煤样自由基浓度及相应的增加速率均高于另外两种煤样,其中 WL 煤样中总的自由基浓度虽低于 BLT 煤样,但是其自由基的增加速率明显高于同温度下的 BLT 煤样,这同样与活性位点的产生量数据相一致。因此,煤样在受热分解过程中自由基的增加量在一定程度上可以反映煤样的自燃倾向性。

6.2.3 煤样低温氧化过程中的自由基变化

为了进一步对比研究煤样在低温氧化过程中的自由基变化规律,得到热解后活性自由基的氧化特性,对四组不同煤样在空气气氛下进行升温并测试了相关的自由基参数。将待测煤样装入石英试管后,接通干空气进行煤样的氧化实验,设定升温速率为 5 K/min,将煤样从 50 ℃ 加热到 220 ℃,每间隔 10 ℃ 采集一组自由基数据。实验首先得到四组煤样在不同温度条件下氧化过程中的 ESR 波谱图,因实验图形较多,为更为简洁明了地分析波谱变化,选取 50 ℃、100 ℃、150 ℃、200 ℃这四个代表性温度点进行对比分析,四组煤样不同温度条件下氧化过程中 ESR 波谱对比图如图 6-12 所示。

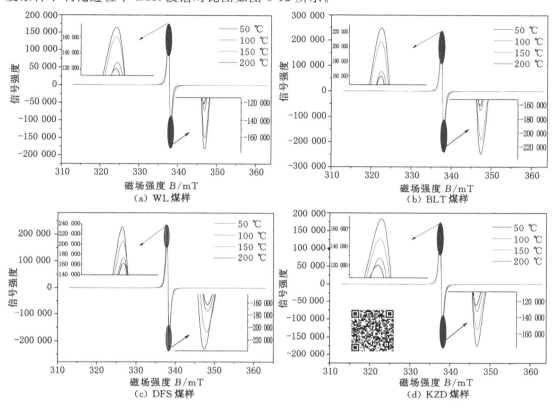

图 6-12　四组煤样不同温度条件下氧化过程中 ESR 波谱对比图

由图 6-12 可知,与升温热解过程中波谱图像类似,随着磁场强度的增加,微波吸收强度呈现出先快速正向增加后迅速降低,再负向增加后减弱为零的过程,吸收强度在磁场强度为 $335\sim345$ mT 之间时呈现高斯型快速变化趋势。对不同煤样而言,煤样的最高吸收峰值强度及最高峰值出现的磁场强度各不相同,变质程度较低的 WL 和 BLT 煤样峰值强度较大,而变质程度较高煤样峰值强度较小。对同一煤样的不同温度条件谱图曲线进行比较可以发现,四组煤样谱图的最高峰值强度均随着温度的升高而增大,这也意味着煤样中的自由基浓度随着煤样温度的升高而增大。在 $50\sim100$ ℃温度范围内,根据吸收强度的高低可以定性地看出随着温度的升高自由基浓度虽然增大但增幅较小;但当温度处于 $100\sim150$ ℃范围内时,自由基浓度出现明显的增加,出现这一现象应归因于煤中含氧官能团受热分解速率的加快;当温度进一步增加至 $150\sim200$ ℃时,可以进一步看出自由基浓度虽然增加但增速趋缓。上述四组煤样在不同温度点氧化过程中的自由基测试波谱图变化规律与热解过程中的自由基测试波谱图变化规律极为相似,煤样在氧化过程中不可避免地同样经历着温度效应导致的受热分解过程,因此上述实验现象的一致性规律说明煤样在氧化过程中的自由基参数的变化受到热分解过程的影响很大。不同的是,氧化过程中自由基增加速率明显加快,产生这一现象应归因于煤中活性自由基的链式反应过程。

为了进一步对低温氧化过程中各温度点的自由基参数进行详细定量分析,实验得到了升温氧化过程中四组煤样的 g 因子、线宽 ΔH、峰面积 A、自由基浓度 N_g 等重要参数。除上述重要参数外,实验还引入了两相邻温度的自由基增加量对氧化过程中的自由基演化规律进行研究,测试得到四组煤样在各温度点下热解过程中自由基的相关参数如表 6-6、表 6-7、表 6-8 和表 6-9 所示。

表 6-6　WL 煤样在氧化过程中自由基 ESR 波谱主要参数

$T/℃$	g 因子	磁场中心/mT	半峰全宽/mT	峰面积	$N_g/10^{18}g^{-1}$	$\Delta N_g/10^{18}g^{-1}$
50	2.003 447	337.804	0.650 1	170 080.79	0.64	—
60	2.003 293	337.821	0.650 1	169 732.94	0.66	0.02
70	2.003 292	337.829	0.650 1	169 876.59	0.68	0.02
80	2.003 243	337.829	0.650 1	171 512.17	0.70	0.02
90	2.003 149	337.846	0.641 8	172 924.18	0.73	0.03
100	2.003 151	337.854	0.666 8	182 247.78	0.78	0.05
110	2.003 152	337.846	0.650 1	199 250.53	0.84	0.06
120	2.003 146	337.846	0.666 8	215 036.96	0.95	0.11
130	2.003 039	337.862	0.666 8	30 889.36	1.09	0.14
140	2.003 130	337.846	0.675 1	241 256.59	1.22	0.13
150	2.003 169	337.837	0.658 4	251 563.64	1.34	0.12
160	2.003 159	337.837	0.691 8	260 702.77	1.47	0.13
170	2.003 196	337.829	0.675 1	267 230.23	1.60	0.13
180	2.003 133	337.837	0.683 4	273 590.68	1.71	0.11
190	2.003 120	337.829	0.691 8	277 454.00	1.83	0.12
200	2.003 108	337.837	0.683 4	279 443.51	1.95	0.12
210	2.003 144	337.829	0.675 1	281 527.51	2.08	0.13
220	2.003 128	337.829	0.691 8	282 484.04	2.13	0.05

表 6-7　BLT 煤样在氧化过程中自由基 ESR 波谱主要参数

$T/℃$	g 因子	磁场中心/mT	半峰全宽/mT	峰面积	$N_g/10^{18}g^{-1}$	$\Delta N_g/10^{18}g^{-1}$
50	2.003 297	337.779	0.633 4	225 812.05	0.91	—
60	2.031 45	337.812	0.650 1	227 344.85	0.94	0.03
70	2.003 076	337.812	0.658 4	227 696.39	0.95	0.01
80	2.003 120	337.812	0.650 1	228 109.50	0.99	0.04
90	2.003 163	337.812	0.641 8	232 060.72	1.02	0.03
100	2.003 107	337.812	0.633 4	236 171.08	1.05	0.03
110	2.003 004	337.829	0.641 8	249 319.84	1.13	0.08
120	2.003 048	337.821	0.658 4	266 251.06	1.25	0.12
130	2.003 091	337.812	0.675 1	286 823.73	1.39	0.14
140	2.003 032	337.821	0.683 4	303 552.39	1.53	0.14

表 6-7(续)

$T/℃$	g 因子	磁场中心/mT	半峰全宽/mT	峰面积	$N_g/10^{18}g^{-1}$	$\Delta N_g/10^{18}g^{-1}$
150	2.003 119	337.821	0.683 4	318 233.28	1.66	0.13
160	2.003 057	337.812	0.666 8	332 477.02	1.79	0.13
170	2.003 043	337.812	0.666 8	341 227.97	1.90	0.11
180	2.003 077	337.812	0.691 8	248 027.79	1.99	0.09
190	2.002 962	337.829	0.666 8	349 250.42	2.07	0.08
200	2.003 091	337.812	0.658 4	353 295.49	2.15	0.08
210	2.003 125	337.804	0.650 1	352 696.80	2.22	0.07
220	2.003 147	337.779	0.658 4	352 040.80	2.30	0.08

表 6-8 DFS 煤样在氧化过程中自由基 ESR 波谱主要参数

$T/℃$	g 因子	磁场中心/mT	半峰全宽/mT	峰面积	$N_g/10^{18}g^{-1}$	$\Delta N_g/10^{18}g^{-1}$
50	2.003 368	337.729	0.616 8	170 908.45	0.50	—
60	2.003 273	337.754	0.625 1	171 547.01	0.52	0.02
70	2.003 087	337.754	0.616 8	172 534.35	0.53	0.01
80	2.003 138	337.779	0.608 4	172 424.35	0.55	0.02
90	2.003 091	337.771	0.616 8	175 422.24	0.58	0.03
100	2.003 043	337.779	0.616 8	178 374.32	0.61	0.03
110	2.003 081	337.771	0.616 8	185 865.78	0.65	0.04
120	2.003 019	337.762	0.641 8	199 876.80	0.73	0.08
130	2.002 919	337.779	0.633 4	213 763.19	0.81	0.08
140	2.003 064	337.762	0.641 8	225 842.60	0.89	0.08
150	2.003 009	337.771	0.616 8	237 740.67	0.96	0.07
160	2.003 009	337.771	0.625 1	246 050.00	1.02	0.06
170	2.003 011	337.771	0.616 8	253 734.97	1.07	0.05
180	2.003 016	337.779	0.616 8	259 554.12	1.12	0.05
190	2.003 055	337.779	0.625 1	264 955.31	1.15	0.03
200	2.003 084	337.779	0.583 4	268 446.30	1.19	0.04
210	2.003 111	337.771	0.591 8	270 810.18	1.22	0.03
220	2.003 116	337.746	0.591 8	273 598.88	1.25	0.03

表 6-9 KZD 煤样在氧化过程中自由基 ESR 波谱主要参数

$T/℃$	g 因子	磁场中心/mT	半峰全宽/mT	峰面积	$N_g/10^{18}g^{-1}$	$\Delta N_g/10^{18}g^{-1}$
50	2.003 135	337.812	0.641 8	183 020.52	0.26	—
60	2.003 055	337.829	0.625 1	183 277.13	0.27	0.01
70	2.002 953	337.837	0.625 1	183 292.40	0.27	0

表 6-9(续)

$T/℃$	g 因子	磁场中心/mT	半峰全宽/mT	峰面积	$N_g/10^{18}g^{-1}$	$\Delta N_g/10^{18}g^{-1}$
80	2.002 899	337.846	0.616 8	184 274.38	0.29	0.02
90	2.002 943	337.846	0.616 8	188 988.14	0.31	0.02
100	2.002 887	337.846	0.625 1	193 292.39	0.34	0.03
110	2.002 929	337.837	0.616 8	200 644.58	0.37	0.03
120	2.002 912	337.862	0.641 8	207 002.81	0.42	0.05
130	2.002 952	337.854	0.633 4	214 979.07	0.46	0.04
140	2.002 94	337.854	0.641 8	223 014.30	0.50	0.04
150	2.002 978	337.846	0.641 8	232 178.78	0.56	0.06
160	2.002 915	337.854	0.641 8	238 900.99	0.61	0.05
170	2.002 903	337.846	0.666 8	246 155.06	0.66	0.05
180	2.002 874	337.846	0.608 4	252 426.80	0.69	0.03
190	2.002 899	337.862	0.600 1	255 812.60	0.76	0.07
200	2.002 894	337.862	0.600 1	257 267.48	0.81	0.05
210	2.003 077	337.832	0.591 8	261 315.55	0.87	0.06
220	2.003 209	337.804	0.566 8	263 867.67	0.91	0.04

根据表 6-6 至表 6-9 中数据,得到四组煤样在热解过程中的自由基 g 因子及自由基浓度随温度的变化关系,如图 6-13 所示。

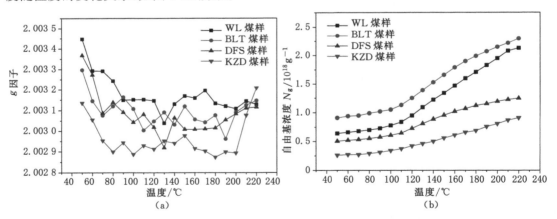

图 6-13　四组煤样在氧化过程中的自由基 g 因子及自由基浓度变化

图 6-13(a)为四组煤样在低温氧化过程中的自由基 g 因子变化规律,根据图中数据可以发现,随着温度的升高,g 因子的变化可大体分为三个阶段:第一阶段为 50~90 ℃温度区间,此温度段 g 因子呈现明显的下降趋势;第二阶段为 90~190 ℃温度区间,在此阶段虽然 g 因子出现振荡变化但大体比较平稳;随着温度进一步增加,g 因子进入再次增加的阶段。g 因子的这一变化规律与热解煤样明显不同,发生这一现象的原因应该在于新产生自由基的氧化。研究发现[185],以碳为中心连接有氧原子的烷氧自由基 g 因子在 2.003 7~2.004 1

之间,因此出现上述三个阶段变化的原因解释如下:原煤中惰性芳香碳自由基的存在导致 g 因子值较高,但是伴随着煤样温度的升高及新的烷基自由基的产生,g 因子开始明显下降;随后自由基的产生过程与氧化过程的竞争关系导致 g 因子在较长的温度区间保持相对稳定;当氧化达到一定程度时,烷基自由基逐渐转变为与氧相连的烷氧自由基,这又导致了 g 因子开始升高。图 6-13(b)为四组煤样在升温氧化过程中的自由基浓度变化规律,从图中可知随着温度的升高自由基浓度也随之明显增加,相应的规律可分为缓慢增加、快速增加和减速增长三个阶段。在整个温度区间内,变质程度较低的 WL 煤样和 BLT 煤样自由基浓度及增加量均较高,最大增加量对应的温度段均为 $120\sim130$ ℃ 且自由基浓度均增加了 0.14×10^{18} g^{-1}。不同于煤的低温热解过程,在煤样的氧化过程中不仅存在着热分解导致的自由基增加过程,还同样存在着自由基的氧化消耗。因此,在上述温度段升温氧化过程中,相同时间下煤样的自由基产生速率高于氧化消耗速率。同时,相邻温度下自由基最大增加量的出现也在一定程度上说明,当煤样温度达到 120 ℃ 以上时煤样的氧化和自由基的消耗趋于激烈,这也与低温氧化过程中的气体随温度变化规律一致。与升温热解过程中的自由基增加量相同,煤样在低温氧化过程中的自由基增加量也能在一定程度上反映煤样自燃倾向性。

6.2.4　煤样低温热解与低温氧化过程中的自由基变化比较

上文中分别介绍了煤样在低温热解与低温氧化过程中的自由基变化规律,观察到反映自由基种类的 g 因子、反映氧化能力的活性自由基浓度等参数的变化。研究认为,煤在一定温度下发生受热分解产生的活性自由基应该为烷基自由基,而自由基又能迅速与空气中的氧气发生氧化而消耗。由于煤样低温氧化过程中的自由基浓度变化是受热分解的自由基产生过程与自由基氧化消耗过程的综合体现,因此实验进一步对两种状态下的自由基变化进行了对比,以期得到两种条件下的统一性规律,从而为受热分解煤体低温氧化的具体反应过程研究提供参考。

图 6-14 所示为四组煤样在惰性气体条件下与空气条件下升温过程中的 g 因子对比图。通过 g 因子数值关系能够发现相同温度下氧化煤样的 g 因子要明显高于热解煤样,即使在 50 ℃ 的较低温度下,煤样 g 因子仍然出现较大差异,产生这一现象应归因于空气中自由基氧化反应的影响。而从 g 因子的变化规律可以看出两种条件下的煤样,特别是变质程度较

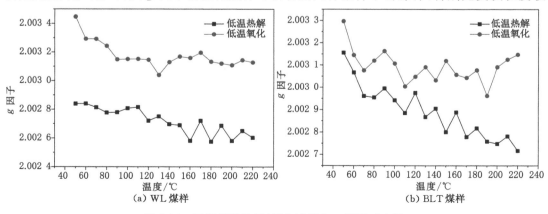

图 6-14　四组煤样热解/氧化过程中 g 因子对比图

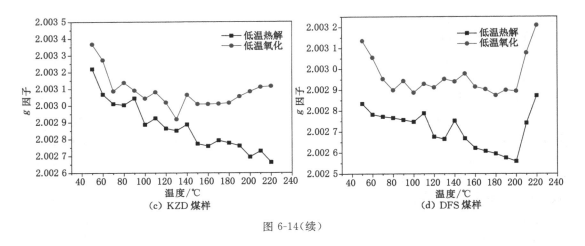

(c) KZD 煤样　　　　　　　　　　　　　(d) DFS 煤样

图 6-14(续)

高煤样 g 因子的变化规律在整体上具有较高的一致性。在 $50\sim70$ ℃温度范围内,两种条件下煤样 g 因子由于煤中原生活性烷基自由基的出现均快速下降;随着温度的升高,在 $80\sim200$ ℃温度段的变化规律存在一定差异,其中热解煤样 g 因子快速下降,而氧化煤样 g 因子保持在相对稳定的水平。这一现象发生的原因在于,煤样的热解导致烷基自由基的大量产生而引起 g 因子快速下降,而氧化煤样一方面伴随含氧官能团的热解形成大量烷基自由基,另一方面氧气的作用使得烷基自由基转化为烷氧自由基,两者的相互影响使 g 因子保持在相对稳定的水平。因此,不同条件下升温过程中的 g 因子变化在一定程度上说明煤样的受热分解过程在低温氧化过程中扮演着极为重要的角色,低温氧化过程可能首先经历等温下的受热分解过程产生烷基自由基,随之发生烷基自由基的迅速氧化。

四组煤样热解/氧化过程中自由基浓度对比如图 6-15 所示。可以发现,四组煤样在两种条件下的自由基浓度均随着温度的升高而增大,其中氧化煤样的自由基浓度整体上高于热解煤样。在较低的温度条件下两种条件下自由基浓度的差异较大,随着温度的升高,这一差异明显缩小。特别是对于变质程度较低的煤样,温度为 190 ℃之后热解产生的自由基浓度甚至超过氧化状态下对应的自由基浓度。与两种条件下自由基 g 因子的数值关系相同,较低温度段自由基浓度出现上述现象的原因可能同样在于自由基氧化反应的影响,而后期

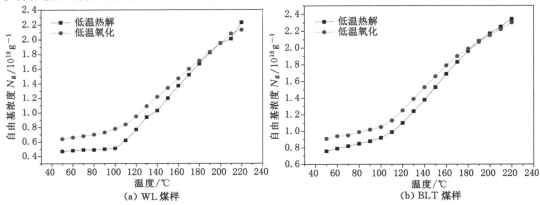

(a) WL 煤样　　　　　　　　　　　　　(b) BLT 煤样

图 6-15　四组煤样热解/氧化过程中自由基浓度对比图

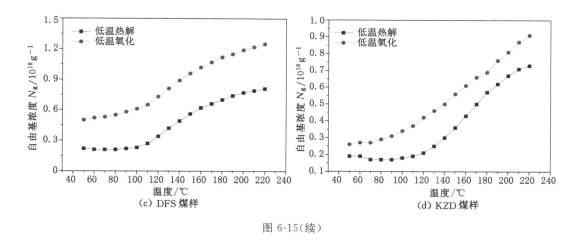

图 6-15(续)

较高温度条件下两种低变质程度煤样热解自由基浓度高于氧化过程的原因可能在于活性位点在空气气氛下的快速氧化消耗。

6.3 活性位点本质及其与含氧官能团之间的相互转化

利用原位红外分析及原位自由基测试技术,可以直观地得到煤样在低温氧化和低温热解过程中的官能团含量和自由基浓度的演化规律。实验发现,在低温热解过程中,煤中活性位点的来源是煤中含氧官能团的受热分解,尤其是羰基和羧基这两种键能较小的含氧官能团的分解过程。随着含氧官能团的减少,可以发现此分解温度范围内的煤样在低温热解过程中自由基浓度逐渐增加,含氧官能团的受热分解导致大量自由基的产生。同时,自由基 g 因子在热解过程中的不断降低可以说明,含氧官能团的受热分解产生的活性位点实质上属于烷基自由基。需说明的是,热解后煤样产生的活性位点能够在惰性气体条件下长时间稳定存在,而一般的小分子活性自由基被认为能量较高,从而很容易发生猝灭反应而消失。因此,煤样热解后产生的活性位点应该属于受芳香环影响的大分子烷基自由基。这类烷基自由基一方面由于相对分子质量较大分子运动受限,另一方面在附近苯环的电子离域作用下能量保持在较低的水平,很难与其他有机官能团发生反应,从而能够在惰性气体条件下长时间地稳定和积累下来。

根据煤样在低温氧化过程中的官能团和自由基变化规律研究可以发现,煤中的含氧官能团尤其是羰基和羧基出现降低、相对稳定及快速增加的趋势;煤体系中的自由基 g 因子出现先下降、趋于稳定后增长的过程,而自由基浓度随温度的升高一直增长。其中在煤样的氧化反应前期,含氧官能团出现类似于热解过程的降低趋势且自由基 g 因子下降而自由基浓度逐渐增加,这说明前期减少应该归因于官能团的受热分解产生烷基自由基活性位点。随着温度的升高和氧化反应的进行,含氧官能团的浓度与自由基 g 因子趋于稳定,这说明此温度段存在新的含氧官能团的补充,这部分含氧官能团的产生与烷基自由基活性位点的氧化有关。随着温度的进一步升高,g 因子和含氧官能团量均明显增加,这说明越来越多的烷基自由基氧化并向含氧官能团转变,导致含氧官能团的产生速率高于其分解速率。

因此,含氧官能团受热分解产生活性位点,活性位点能够在一定条件下发生氧化生成新的含氧官能团,含氧官能团和活性位点之间可以相互转化,这一观点与通过连续热解后煤样常温氧化现象得到的实验结论相一致。此外,在热解过程中较为稳定的烷基官能团在氧化条件下却迅速减少,这说明烷基官能团发生了明显的氧化行为而消耗。由于烷基官能团在热解过程中表现出的稳定性,结合烷基的氧化发生在活性位点产生之后,认为烷基需要经过自由基的活化才能进一步与氧气反应。从氧化过程中的自由基浓度的角度考虑,氧化体系中自由基浓度明显高于热解过程,也说明氧化反应过程中新产生了大量的自由基。根据煤氧化过程的自由基链式反应机理,这些新增加的自由基最有可能源自烷基向烷基自由基活性位点的转化。综合所述,煤氧化过程中活性位点和含氧官能团之间的转化反应过程如图 6-16 所示。

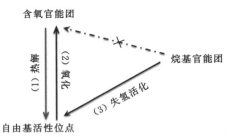

(1) 含氧官能团 $\xrightarrow{\text{受热分解}}$ 自由基活性位点＋CO＋CO$_2$

(2) 自由基活性位点 $\xrightarrow{\text{氧化}}$ 含氧官能团＋CO＋CO$_2$

(3) $\begin{cases} \dot{R}+O_2 \xrightarrow{R'H} ROOH+\dot{R}' \\ ROOH \longrightarrow R\dot{O}+\dot{O}H \\ R'H+\dot{O}H \longrightarrow \dot{R}'+H_2O \end{cases}$

图 6-16　活性位点与官能团的相互转化

基于煤样热解后氧化过程的气体产生量分析,煤中的含氧官能团在受热分解过程中伴随 CO 和 CO$_2$ 气体的产生,生成大量的烷基自由基活性位点,如图 6-16 中过程(1)所示;这些产生的自由基活性位点能够与空气中的氧气分子发生氧化反应生成大量 CO、CO$_2$ 气体,同时形成含氧官能团,如图中过程(2)所示。然而若在煤的低温氧化过程中仅存在这两个转化过程,含氧官能团分解产生的活性位点一方面会发生自由基的两两结合而失去反应活性,另一方面其氧化过程还有可能转化为醚键和羟基结构的惰性含氧官能团,这会导致羧基和羰基等含氧官能团含量的不断衰减,这明显与羧基和羰基结构在氧化过程中快速增加的实验结果相矛盾。因此,在活性位点与含氧官能团的相互转化过程中无疑还存在着大量烷基侧链的氧化过程,然而受限于烷基结构的稳定性,其在低温条件下无法通过直接氧化产生含氧官能团,只能先通过自由基反应失氢活化转为新的烷基自由基,反应如图中过程(3)所示。与含氧官能团受热分解产生的活性位点相同,烷基活化产生的烷基自由基实质上也属于自由基活性位点,同样能够在很低的温度下发生氧化导致煤样温度的快速升高以及后期含氧官能团的积累。

6.4 活性位点常温氧化的机理分析

煤中的官能团在受热分解过程中会产生大量的能在惰性气体条件下稳定存在的活性位点,这些活性位点被进一步证实为受芳香环影响的大分子烷基自由基。因此,活性位点与氧气接触发生的常温氧化也就是这些烷基自由基的常温氧化过程。活性位点常温氧化过程会导致 CO 和 CO_2 气体产物的产生以及热量的释放,然而导致上述现象的具体反应路径不清,相关过程的内在反应机理需要进一步分析和完善。

6.4.1 活性位点常温氧化气体产物的产生机理分析

煤样在受热分解过程中产生的活性位点能够在惰性介质条件下稳定存在和积聚,这些积累的活性位点即使在常温条件下,一旦与氧气接触就会迅速地发生氧化反应,产生大量的 CO 和 CO_2 气体产物。前文实验得到,活性位点常温氧化产生的 CO 和 CO_2 应为同时氧化产生的,针对两种气体的产生过程的分析对活性位点常温氧化机理的研究至关重要。

由于含氧官能团需要在一定温度下才能分解,因此活性位点常温氧化的气体产物只能是烷基自由基活性位点氧化直接产生的。若两种气体氧化产物由同一种活性结构产生,根据文中 4.3 节中 CO 和 CO_2 产生的动力学模型[式(4-8)和式(4-9)],则相同反应时间下反应物的转化率 a 相同,那么两种氧化气体的产生浓度之比应该仅与温度相关。在煤样的常温氧化条件下,煤体温度除初始氧化阶段存在一定程度的增长外,后期基本与环境温度保持一致。因此,可通过两种氧化气体产物的比值关系对活性位点的氧化机理进行深入分析。对热解后的 WL 煤样在常温(30 ℃)氧化过程中产生的 CO_2 与 CO 的比值进行统计分析。由于低温以及低氧条件下煤样中活性位点氧化产生的气体浓度较低,色谱分析误差较大,导致气体比值的误差较大。作图过程中在排除上述具有明显误差的比值之后,可以得到 CO_2/CO 的比值随时间的变化关系,如图 6-17 所示。

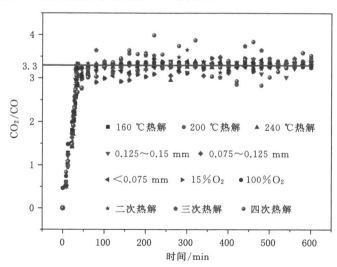

图 6-17　不同因素条件下 CO_2/CO 的比值统计

由图 6-17 可以发现,不同处理条件下气体比值随着氧化时间的增加呈现先增加后趋于稳定的趋势。在氧化反应前期热解后煤样对 CO_2 气体的强烈吸附作用导致两种气体的比值较小。随着氧化时间的增加,煤对 CO_2 的吸附趋于饱和,两种气体产物的比值开始趋于定值且稳定于 3.3 附近。这一比值关系说明,活性位点和氧气反应气体的生成速率之比为 $CO_2:CO = 3.3:1$。通过活性位点的这一比例关系结合阿伦尼乌斯方程可以得出,CO 和 CO_2 气体应该是由同一种化学结构的物质产生的,只是在反应过程中产生两种气体的活化能不同导致了气体产生速率的差异。同时,根据气体产生速率可以推断,活性位点氧化产生 CO 的活化能高于 CO_2,这与气体产生活化能数据相一致。这也证实了之前的推测,即活性位点氧化过程中两种气体产物是同时产生的,CO 先出现的原因源自热解后煤样对 CO_2 的强烈物理吸附。

因此,活性位点常温氧化产生 CO 和 CO_2 的过程属于自由基反应过程,且 CO 和 CO_2 气体应该是由同一种自由基结构物质通过不同路径产生的。根据煤氧化过程中的自由基反应机理,推测自由基活性位点常温氧化过程中 CO 和 CO_2 气体的具体产生路径如图 6-18 所示。

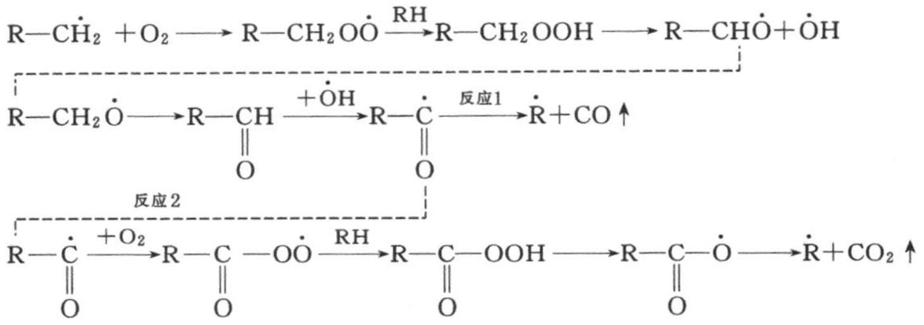

R 代表煤基结构;R—CH$_2$ 代表活性位点。

图 6-18 活性位点常温氧化过程中 CO 和 CO_2 气体的可能产生机理

6.4.2 活性位点常温氧化热释放的理论计算分析

活性位点能够在常温条件下发生快速的氧化放热,导致煤样的自热和煤温的快速升高。为了进一步分析活性位点的常温氧化可能性和热释放量,本节开展了对自由基活性位点热释放行为的研究。然而借用现有的测试技术如 DSC 测试,只能够对宏观的热过程进行整体的分析,不能获得煤中微观结构在氧化过程中的热释放参数。而量子化学手段作为一种成熟的模拟方法,能够准确地计算出不同的活性物质在氧化过程中的热力学和动力学参数,已经被广泛应用在煤炭自燃领域并取得了丰富的研究成果。量子化学理论为解决微观结构的放热这一问题提供了一种较为可靠的方法和手段。

量子化学的计算过程要求首先对煤氧化过程中可能存在的活性自由基进行模型的构建,然后利用量子化学密度泛函理论(DFT)计算方法对所构建的模型进行能量的优化,并在 B3LYP/6-311G 计算水平上研究构建的活性自由基与氧气的结合过程,最终通过分子优化及频率计算它们各自的 SOMO 轨道,得到各自由基的热力学参数。但是密度泛函理论的计算精度随着相对分子质量的增加而降低,有必要对煤中的有机分子进行进一步简化。相似的研究一般认为[188-190]，煤中活性基团受苯环个数的影响较小。为方便计算，用一个苯环代替煤的复杂结构构建煤中可能存在的活性自由基模型，揭示煤中自由基氧化反应的热释放过程。为了研究煤中微观结构的放热变化，同时考虑氧化过程中可能存在的链引发过程，本实验不仅对热解后产生的大分子烷基自由基进行模型构建，也对煤在自由基反应过程中可能存在的其他活性自由基分子进行了模型构建。模拟过程构建了煤中可能存在的四种自由基模型及对应的氧化产物，并利用模型优化和频率计算的方法得到了相关结构的热力学数据[吉布斯自由能(G)和焓值(E)]，计算结果如表 6-10 所示。

表 6-10   反应物和生成物的分子模型、焓值及吉布斯自由能参数

序号	分子模型	结构优化	焓/Hartree	熵/Hartree
A	$\dot{H}$		-0.500	-0.513
B	$\dot{C}H_3$		-39.808	-39.830
C	⟨⟩—$\dot{C}H_2$		-270.791	-270.828
D	⟨⟩—CH_2—$\dot{C}H_2$		-310.054	-310.095
E	$HO\dot{O}$		-150.892	-150.918
F	$CH_3O\dot{O}$		-190.173	-190.204
G	⟨⟩—CH_2—$CH_2O\dot{O}$		-421.137	-421.181
H	⟨⟩—$CH_2O\dot{O}$		-460.412	-460.648
I	O_2		-150.253	-150.275

注：1 Hartree＝2 625.5 kJ/mol。

根据表 6-10 计算的热力学参数可以得到氧化反应的焓变和熵变，如表 6-11 所示。

表 6-11   活性自由基氧化过程的焓变和熵变

序号	反应过程	ΔH/(kJ/mol)	ΔG/(kJ/mol)
1	A＋I ⟶ E	-364.95	-341.32
2	B＋I ⟶ F	-294.06	-259.93
3	C＋I ⟶ H	-244.17	-204.79
4	D＋I ⟶ G	-275.68	-729.89

由表 6-11 所示的焓变和熵变数据可以看出,自由基的氧化形成过氧化物自由基的过程是一个常温下自发的放热反应过程。相比相对分子质量较大的烷基自由基分子结构,相对分子质量较小的氢自由基和甲基自由基在氧化反应过程中所释放的热量更大。根据热力学参数的数值可以得到,该反应能够在极短的时间内快速进行并迅速释放出大量的热。因此,在煤的热解过程中伴随着气体放热产生了大量的活性自由基,反应产生的高活性自由基可以与空气中氧气迅速结合生成过氧化物自由基,并伴随着大量的热量释放。

$$\begin{cases} \text{⬡}-CH_2-\dot{C}H_2+O_2 \longrightarrow \text{⬡}-CH_2-CH_2O\dot{O} & \Delta H=-275.68 \text{ kJ/mol}, \Delta G=-729.89 \text{ kJ/mol} \\ \dot{H}+O_2 \longrightarrow HO\dot{O} & \Delta H=-364.95 \text{ kJ/mol}, \Delta G=-341.32 \text{ kJ/mol} \\ \text{⬡}-\dot{C}H_2+O_2 \longrightarrow \text{⬡}-CH_2O\dot{O} & \Delta H=-244.17 \text{ kJ/mol}, \Delta G=-204.79 \text{ kJ/mol} \\ \dot{C}H_3+O_2 \longrightarrow CH_3O\dot{O} & \Delta H=-294.06 \text{ kJ/mol}, \Delta G=-259.93 \text{ kJ/mol} \end{cases}$$

这一计算结果说明活性自由基能够在低温条件下发生氧化产生大量的热,属于 0 级无势垒放热反应过程。自由基能够在常温条件下发生自发氧化和大量放热的特性也与煤中活性位点为自由基的观点相互印证。因此,活性位点常温氧化过程中导致的热量释放的原因在于自由基的常温氧化放热过程。活性自由基自发的氧化和热释放特性在宏观上体现为煤的常温氧化放热和煤温的快速升高。

6.5 基于活性位点常温氧化的受热分解煤体煤自燃机理

发生受热分解的煤体,煤中键能较小的含氧官能团会发生受热分解产生大量的活性较高的自由基活性位点。这些活性位点能够在无氧的惰性条件下稳定存在,而一旦与氧气发生接触,即使在常温条件下也会迅速地发生氧化反应并释放出大量的热,从而导致煤体温度的快速升高。活性位点会产生于煤体的火区封闭、岩浆侵入以及低阶煤的干燥提质等条件下,活性位点的常温氧化和热量释放会导致这些条件下煤体的热量损失甚至不可控自燃的发生。因此,基于活性位点的常温氧化现象研究受热分解煤体煤自燃机理等具有极为重要的意义。

6.5.1 受热分解煤体煤自燃历程

由于 CO 与 CO_2 的产生贯穿于煤的整个氧化过程中,被认为与煤炭自燃的内在机理直接相关,因此研究煤在热解及常温氧化过程中宏观气体变化规律对煤炭自燃机理的揭示极为重要。围绕煤氧化过程中 CO 和 CO_2 气体的产生过程,相关的煤自燃机理文献[28]认为煤低温氧化过程中 CO 来源于煤的直接 burn-off 反应过程和羰基官能团的热解过程;而 CO_2 来源于煤的直接 burn-off 反应过程、不稳定中间产物的分解过程和羧基官能团的热解过程。具体的反应机理过程如图 6-19 所示。

该理论的争议在于:虽然直接 burn-off 反应被广泛地应用在有关文献中,但目前推测这一结论的文献是基于煤在 300 ℃以上碳的氧化反应提出的[191-192]。到目前为止,依然没有足够直接的证据证明低温氧化过程中这一反应的存在。因此,burn-off 反应到目前仍然是一个假想的反应,需要相关的实验进一步证实。将受热分解煤体作为实验对象进行研究,实

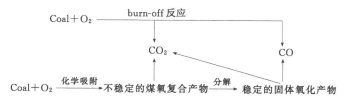

图 6-19　基于 CO 与 CO_2 产生的煤低温氧化机理

验预先将煤样进行低温热解,降温至室温后再进行氧化。研究发现,煤中含氧官能团的受热分解能够产生惰性气体条件下稳定存在的活性位点,这些活性位点能够在常温条件下发生氧化反应产生大量 CO、CO_2 等气体产物。因此,活性位点的常温氧化和气体释放现象直接验证了 burn-off 反应的存在,且认为煤在氧化过程中的 burn-off 反应过程实质上是煤在热解过程中产生的活性位点与氧气的反应过程。同时,这一过程也会产生并形成大量的氧化产物,为后续高温下的热解和活性位点的大量产生积累和提供反应物质。因此认为,burn-off 反应过程也是煤在低温氧化阶段的一种化学吸附过程,这一过程发生在特定的活性位点上,能够在常温或更低的温度条件下发生氧化反应,产生大量气体产物的同时伴随着热量的大量释放。另外,如前文所述,烷基结构需要先发生失氢活化而转化为活性位点,才能参与到煤的低温氧化过程中来。因此,活性位点的常温氧化而非烷基官能团的氧化是受热分解煤体煤炭自燃的初始热量来源。基于活性位点的常温氧化实验现象,推测受热分解后煤样在低温氧化过程中可能的煤自燃宏观机理模型如图 6-20 所示。

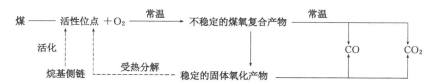

图 6-20　基于活性位点常温氧化的受热分解煤体煤自燃宏观机理模型

除 CO 和 CO_2 等气体的产生之外,活性位点氧化过程中的热释放同样对受热分解煤体煤自燃机理研究至关重要。从宏观热释放的角度分析,受热分解煤体由于含氧官能团预先的受热分解过程,其中含有浓度较高的自由基活性位点,当这些活性位点与氧气接触时会发生常温氧化导致煤温的快速升高;随着时间的推移和活性位点的快速消耗,温度增加量趋缓。以上两个过程为后续氧化过程积累了大量煤氧复合产物。随着氧化的继续和热量的逐渐积累,煤温逐渐升高并达到含氧官能团受热分解的临界温度,活性位点伴随含氧官能团的热分解而大量产生;受热分解产生的活性位点和烷基活化产生的活性位点共同氧化导致热量的不断增加并最终引起煤炭自燃。基于活性位点在氧化过程中的热释放过程,推测受热分解煤体的煤自燃过程示意图如图 6-21 所示。

受热分解发生后的煤体系中含有浓度较高的活性位点,这些活性位点能够在惰性条件下稳定存在,一旦与外界氧气发生接触,即使在常温条件下也会迅速氧化并释放大量的热。参考一般煤体的升温过程,受热分解煤体煤自燃升温历程同样可分为三个阶段:在第一阶段,活性位点的常温氧化放热导致煤样温度在短时间内快速升高,这一阶段放热的同时为后

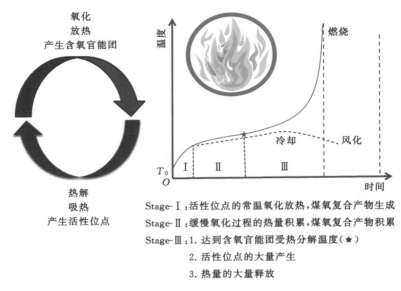

Stage-Ⅰ：活性位点的常温氧化放热，煤氧复合产物生成
Stage-Ⅱ：缓慢氧化过程的热量积累，煤氧复合产物积累
Stage-Ⅲ：1. 达到含氧官能团受热分解温度（★）
　　　　　2. 活性位点的大量产生
　　　　　3. 热量的大量释放

图 6-21　受热分解煤体煤自燃过程升温历程示意图

续氧化过程提供大量的煤氧复合产物；随着受热分解煤中活性位点的大量消耗，开始进入煤温缓慢升高的第二阶段，此阶段主要发生剩余活性位点以及自由基反应引发的新增活性位点的氧化，这一阶段同样为后续氧化过程提供大量的煤氧复合产物；随着煤温的进一步升高，当煤温达到含氧官能团的分解温度时，活性位点再次大量产生，高浓度活性位点的大量氧化导致煤温的快速升高直至不可控自燃的发生。如果煤样温度在第二阶段无法升高至含氧官能团的受热分解温度，或者即使煤温达到了这一温度，但由于外界条件引起煤样的散热量高于产热量，则会导致煤温的降低进入冷却阶段和风化状态。

相比原煤煤样，发生受热分解后的煤样不需要经过氧化进程十分缓慢的准备期，而直接由于活性位点的常温氧化放热而进入自热期，同时受热分解煤体升温过程中也不存在因水分蒸发导致的散热过程，这导致受热分解煤体自然发火期的大大缩短。

6.5.2　受热分解煤体煤自燃自由基反应机理

宏观上说，煤的低温氧化过程是煤在常温条件下与空气中的氧气发生物理吸附和化学氧化过程，这导致煤体温度的升高，加速氧化反应速率，在适宜的外界环境下，热量的产生和堆积导致煤炭自燃的发生。微观上讲，煤的低温氧化首先由煤表面的某些活性较高的物质与空气中的氧气接触而发生常温氧化过程，从而导致煤体温度的升高，进而加速后续的煤体氧化过程。因此，分析煤中微观自由基结构在氧化过程中的变化规律同样有助于受热分解煤体煤炭自燃机理研究。

活性位点的自由基属性及其和含氧官能团之间的相互转化说明受热分解煤体活性位点的常温氧化过程也属于自由基链式反应过程。参考煤自燃过程的自由基理论[193]，推测受热分解煤体煤自燃过程同样分为链引发、链传递以及链终止三个阶段，具体的自由基反应过程如图 6-22 所示。

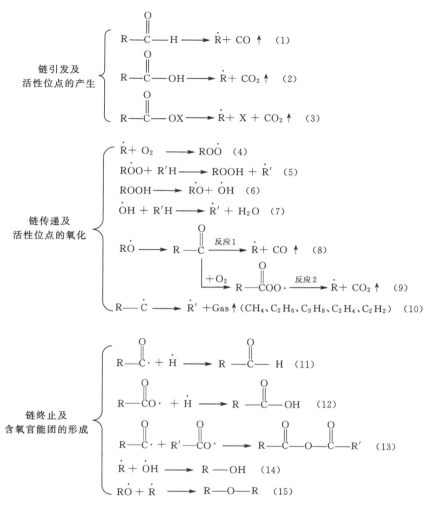

图 6-22 基于活性位点常温氧化的受热分解煤体煤自燃微观反应机理

其中链引发过程主要为煤中原生含氧官能团的受热分解过程,主要包括:(1)羧酸盐的受热分解过程;(2)羧基的受热分解过程;(3)羰基的受热分解过程。这些结构的受热分解产生 CO 和 CO_2 气体产物的同时伴随着大量能够在惰性气体条件下稳定存在的自由基活性位点的产生。这其中,羧酸盐结构对活性位点产生过程的强烈促进作用、羧酸盐结构的受热分解在链引发的过程中占据重要地位。对受热分解煤体而言,这一链引发过程已经在热的作用下预先发生,为下一步的常温氧化过程发生积累了大量的能在惰性环境下存在的活性位点。

链传递过程也即活性位点的氧化过程。受热分解煤体含氧官能团预先的受热分解产生了大量的活性位点,这些活性位点与空气中的氧气发生接触时会发生氧化反应,生成过氧化物自由基的同时伴随释放出大量的热量[式(4)]。过氧化物自由基会通过基团内氢转移反应或者相邻基团间的氢转移反应形成氢过氧化物[式(5)],而过氧化物稳定性较差容易发生分解产生烷氧自由基和羟基自由基[式(6)],其中产生的羟基自由基可以将烷基官能团脱氢活化产生新的烷基自由基,从而加速整个自由基链式反应过程[式(7)]。烷氧自由基又进一步转化为羧基自由基和羰基自由基,并通过两种不同的途径发生分解产生相应新的活性位点和气体产物[式(8)和式(9)],此过程导致烷基碳链的缩短。随着氧化放热程度的增强,当煤温再次达到含氧官能团的受热分解温度时,煤中新氧化产生的含氧官能团会再次分解,进而产生新的活性位点。新产生的自由基活性位点又可以发生氧化将热释放过程传递下去,并在合适的环境下会不断加速反应的进行而导致煤的不可控自燃。自由基活性位点的氧化过程在微观官能团层面上表现为煤中烷基结构的减少和含氧官能团的增加。

当煤氧化过程中产热量小于散热量时,则自由基之间的聚合反应或自由基的夺氢过程生成含氧官能团等稳定的物质可使得反应终止,这一过程属于自由基的链终止阶段[式(11)至式(15)]。链终止阶段自由基的稳定过程导致大量羟基、羰基、羧基、醚键、酯键等含氧官能团的产生。

与普通煤样相比,受热分解煤样首先在热的作用下发生受热分解产生大量的自由基活性位点,这些活性自由基预先积累在煤体系中,当与氧气接触时发生自由基链式反应,导致更多自由基活性位点的快速产生并最终引起煤炭自燃。

参 考 文 献

[1] 袁亮.我国深部煤与瓦斯共采战略思考[J].煤炭学报,2016,41(1):1-6.

[2] US ENERGY INFORMATION ADMINISTRATION.International energy outlook 2019[R].Washington D C:US Department of Energy,2019.

[3] SONG Z Y,KUENZER C.Coal fires in China over the last decade:a comprehensive review[J].International journal of coal geology,2014,133:72-99.

[4] TANG Y B,WANG H E.Laboratorial investigation and simulation test for spontaneous combustion characteristics of the coal waste under lean-oxygen atmosphere[J].Combustion science and technology,2020,192(1):46-61.

[5] WANG S,HU Y,YANG X S et al.Examination of adsorption behaviors of carbon dioxide and methane in oxidized coal seams[J].Fuel,2020,273:117599.

[6] PONE J D N,HEIN K A A,STRACHER G B,et al.The spontaneous combustion of coal and its by-products in the Witbank and Sasolburg coalfields of South Africa[J]. International journal of coal geology,2007,72(2):124-140.

[7] 张建民,管海晏,曹代勇,等.中国地下煤火研究与治理[M].北京:煤炭工业出版社,2008.

[8] GARRISON T,O'KEEFE J M K,HENKE K R,et al.Gaseous emissions from the Lotts Creek coal mine fire:Perry County,Kentucky[J].International journal of coal geology,2017,180:57-66.

[9] KUS J.Oxidatively and thermally altered high-volatile bituminous coals in high-temperature coal fire zone No.8 of the Wuda coalfield(North China)[J].International journal of coal geology,2017,176/177:8-35.

[10] KONG B,LI Z H,YANG Y L,et al.A review on the mechanism,risk evaluation, and prevention of coal spontaneous combustion in China[J].Environmental science and pollution research,2017,24(30):23453-23470.

[11] 孙留涛.煤岩热损伤破坏机制及煤田火区演化规律数值模拟研究[D].徐州:中国矿业大学,2018.

[12] 曾强.新疆地区煤火燃烧系统热动力特性研究[D].徐州:中国矿业大学,2012.

[13] 袁亮.煤炭精准开采科学构想[J].煤炭学报,2017,42(1):1-7.

[14] 邓军,李贝,王凯,等.我国煤火灾害防治技术研究现状及展望[J].煤炭科学技术,2016,44(10):1-7.

[15] LI Q W,XIAO Y,ZHONG K Q,et al.Overview of commonly used materials for coal spontaneous combustion prevention[J].Fuel,2020,275:117981.

[16] ZHAI X W,GE H,WANG T Y,et al.Effect of water immersion on active functional groups and characteristic temperatures of bituminous coal[J]. Energy, 2020, 205:118076.

[17] WANG K,DENG J,ZHANG Y N,et al.Kinetics and mechanisms of coal oxidation mass gain phenomenon by TG-FTIR and in situ IR analysis[J].Journal of thermal analysis and calorimetry,2018,132(1):591-598.

[18] CHENG W M,HU X M,XIE J,et al.An intelligent gel designed to control the spontaneous combustion of coal:fire prevention and extinguishing properties[J]. Fuel,2017,210:826-835.

[19] GAO J,CHU R Z,MENG X L,et al.Synergistic mechanism of CO_2 and active functional groups during low temperature oxidation of lignite[J]. Fuel, 2020, 278:118407.

[20] 王德明,辛海会,戚绪尧,等.煤自燃中的各种基元反应及相互关系:煤氧化动力学理论及应用[J].煤炭学报,2014,39(8):1667-1674.

[21] 仲晓星,王德明,徐永亮,等.煤氧化过程中的自由基变化特性[J].煤炭学报,2010,35(6):960-963.

[22] JONES R E,TOWNEND D T A.The oxidation of coal[J].Journal of the society of chemical industry,1949,68(7):197-201.

[23] QI X Y,WANG D M,XUE H B,et al.Oxidation and self-reaction of carboxyl groups during coal spontaneous combustion[J].Spectroscopy letters,2015,48(3):173-178.

[24] ZHONG X X,WANG M M,DOU G L,et al.Structural characterization and oxidation study of a Chinese lignite with the aid of ultrasonic extraction[J].Journal of the energy institute,2015,88(4):398-405.

[25] CAI J W,YANG S Q,HU X C,et al.Forecast of coal spontaneous combustion based on the variations of functional groups and microcrystalline structure during low-temperature oxidation[J].Fuel,2019,253:339-348.

[26] FENG L,ZHAO G Y,ZHAO Y Y,et al.Construction of the molecular structure model of the Shengli lignite using TG-GC/MS and FTIR spectrometry data[J]. Fuel,2017,203:924-931.

[27] CHOI H,THIRUPPATHIRAJA C,KIM S,et al.Moisture readsorption and low temperature oxidation characteristics of upgraded low rank coal[J].Fuel processing technology,2011,92(10):2005-2010.

[28] WANG H H,DLUGOGORSKI B Z,KENNEDY E M.Coal oxidation at low temperatures: oxygen consumption, oxidation products, reaction mechanism and kinetic modelling[J]. Progress in energy and combustion science,2003,29(6):487-513.

[29] WANG D M,XIN H H,QI X Y,et al.Reaction pathway of coal oxidation at low temperatures:a model of cyclic chain reactions and kinetic characteristics[J]. Combustion and flame,2016,163:447-460.

[30] KÜÇÜK A,KADIOĞLU Y,GÜLABOĞLU M Ş.A study of spontaneous combustion

characteristics of a Turkish lignite: particle size, moisture of coal, humidity of air[J]. Combustion and flame,2003,133(3):255-261.

[31] SAHU H B,MAHAPATRA S S,SIRIKASEMSUK K,et al. A discrete particle swarm optimization approach for classification of Indian coal seams with respect to their spontaneous combustion susceptibility[J]. Fuel processing technology, 2011, 92(3):479-485.

[32] GU M Y,CHEN X,WU C C,et al. Effects of particle size distribution and oxygen concentration on the propagation behavior of pulverized coal flames in O_2/CO_2 atmospheres[J].Energy and fuels,2017,31(5):5571-5580.

[33] EVANGELISTA B,ARLABOSSE P,GOVIN A,et al. Reactor scale study of self-heating and self-ignition of torrefied wood in contact with oxygen[J].Fuel,2018, 214:590-596.

[34] WOJTACHA-RYCHTER K,SMOLIŃSKI A. The interaction between coal and multi-component gas mixtures in the process of coal heating at various temperatures: an experimental study[J].Fuel,2018,213:150-157.

[35] SONG S,QIN B T,XIN H H,et al. Exploring effect of water immersion on the structure and low-temperature oxidation of coal: a case study of Shendong long flame coal,China[J].Fuel,2018,234:732-737.

[36] DENG J,LI Q W,XIAO Y,et al. The effect of oxygen concentration on the non-isothermal combustion of coal[J].Thermochimica acta,2017,653:106-115.

[37] SENNECA O,BARESCHINO P,URCIUOLO M,et al.Prediction of structure evolution and fragmentation phenomena during combustion of coal:effects of heating rate[J].Fuel processing technology,2017,166:228-236.

[38] FEI Y,AZIZ A A,NASIR S,et al. The spontaneous combustion behavior of some low rank coals and a range of dried products[J].Fuel,2009,88(9):1650-1655.

[39] NWAKA D,TAHMASEBI A,TIAN L,et al. The effects of pore structure on the behavior of water in lignite coal and activated carbon[J]. Journal of colloid and interface science,2016,477:138-147.

[40] XU T.Heat effect of the oxygen-containing functional groups in coal during spontaneous combustion processes[J].Advanced powder technology,2017,28(8):1841-1848.

[41] ZHANG Y T,LIU Y,SHI X,et al.Risk evaluation of coal spontaneous combustion on the basis of auto-ignition temperature[J].Fuel,2018,233:68-76.

[42] OZBAS K,KÖK M,HICYILMAZ C.DSC study of the combustion properties of turkish coals[J].Journal of thermal analysis and calorimetry,2003,71(3):849-856.

[43] GÜRDAL G,HOŞGÖRMEZ H,ÖZCAN D,et al.The properties of Çan Basin coals (Çanakkale-Turkey): spontaneous combustion and combustion by-products [J]. International journal of coal geology,2015,138:1-15.

[44] MA L Y,WANG D M,KANG W J,et al.Comparison of the staged inhibitory effects of two ionic liquids on spontaneous combustion of coal based on in situ FTIR

and micro-calorimetric kinetic analyses[J]. Process safety and environmental protection,2019,121:326-337.

[45] ZHANG Y L,WANG J F,XUE S,et al.Kinetic study on changes in methyl and methylene groups during low-temperature oxidation of coal via in-situ FTIR[J]. International journal of coal geology,2016,154/155:155-164.

[46] 李林.煤自然活化机理及自燃过程实验研究[D].重庆:重庆大学,2008.

[47] 梁洪军,毕强,曲宝,等.火成岩侵入条件下煤低温氧化特性实验研究[J].煤矿安全, 2018,49(8):43-47.

[48] 王振华,陈赟,陈林,等.岩浆底侵的热-流变学效应及对峨眉山大火成岩省的启示[J]. 岩石学报,2018,34(1):91-102.

[49] 杨帆.火成岩侵入煤 CO 吸附特性研究[D].唐山:华北理工大学,2018.

[50] SHI Q L,QIN B T,LIANG H J,et al.Effects of igneous intrusions on the structure and spontaneous combustion propensity of coal:a case study of bituminous coal in Daxing mine,China[J].Fuel,2018,216:181-189.

[51] 郭惠宇.塔山矿硅化煤自燃特性研究[D].太原:太原理工大学,2010.

[52] TARABA B,PAVELEK Z.Study of coal oxidation behaviour in re-opened sealed heating[J].Journal of loss prevention in the process industries,2016,40:433-436.

[53] 吴新文.煤峪口矿封闭火区启封技术[J].煤矿安全,2014,45(9):61-64.

[54] 张虎.无烟煤矿井封闭火区熄灭过程中气体变化规律及启封条件探讨[D].太原:太原理工大学,2011.

[55] ZHENG Y N,LI Q Z,ZHANG G Y,et al.Effect of multi-component gases competitive adsorption on coal spontaneous combustion characteristics under goaf conditions[J].Fuel processing technology,2020,208:106510.

[56] 陆伟,李金亮,杨兴兵.采用交叉点温度法对启封煤易复燃问题的研究[J].煤矿安全, 2013,44(12):230-233.

[57] LU Y,SHI S L,WANG H Q,et al.Thermal characteristics of cement microparticle-stabilized aqueous foam for sealing high-temperature mining fractures[J]. International journal of heat and mass transfer,2019,131:594-603.

[58] XIAO Y,REN S J,DENG J,et al.Comparative analysis of thermokinetic behavior and gaseous products between first and second coal spontaneous combustion[J]. Fuel,2018,227:325-333.

[59] 何敏.煤矿井下封闭火区的燃烧状态与气体分析研究[D].北京:中国矿业大学(北京),2013.

[60] 杨小强,李楠.煤矿封闭火区启封和复燃条件实验研究[J].煤矿安全,2010,41(9):4-7.

[61] YU J L,TAHMASEBI A,HAN Y,et al.A review on water in low rank coals:the existence,interaction with coal structure and effects on coal utilization[J].Fuel processing technology,2013,106:9-20.

[62] KARTHIKEYAN M.Minimization of moisture readsorption in dried coal samples

［J］.Drying technology,2008,26(7):948-955.

［63］ TAHMASEBI A,ZHENG H L,YU J L,et al.The influences of moisture on particle ignition behavior of Chinese and Indonesian lignite coals in hot air flow［J］.Fuel processing technology,2016,153:149-155.

［64］ PARSA M R,CHAFFEE A L.The effect of densification with NaOH on brown coal thermal oxidation behaviour and structure［J］.Fuel,2018,216:548-558.

［65］ PARSA M R,TSUKASAKI Y,PERKINS E L,et al.The effect of densification on brown coal physical properties and its spontaneous combustion propensity［J］.Fuel, 2017,193:54-64.

［66］ KARTHIKEYAN M,WU Z H,MUJUMDAR A S.Low-rank coal drying technologies: current status and new developments［J］.Drying technology,2009,27(3):403-415.

［67］ ZHANG Y X,DONG J X,GUO F H,et al.Effects of the evolutions of coal properties during nitrogen and MTE drying processes on the spontaneous combustion behavior of Zhaotong lignite［J］.Fuel,2018,232:299-307.

［68］ HAN Y N,BAI Z Q,LIAO J J,et al.Effects of phenolic hydroxyl and carboxyl groups on the concentration of different forms of water in brown coal and their dewatering energy［J］.Fuel processing technology,2016,154:7-18.

［69］ LI J H,LI Z H,YANG Y L,et al.Insight into the chemical reaction process of coal self-heating after N_2 drying［J］.Fuel,2019,255:115780.

［70］ JING X X,JING K G,LI Z Q,et al.Thermal effect during moisture re-adsorption of dewatered lignite［J］.Journal of thermal analysis and calorimetry,2015,119(3): 2187-2194.

［71］ ZHAO H Y,LI Y H,SONG Q,et al.Drying, re-adsorption characteristics, and combustion kinetics of Xilingol lignite in different atmospheres［J］.Fuel,2017,210: 592-604.

［72］ SONG Y M,FENG W,LI N,et al.Effects of demineralization on the structure and combustion properties of Shengli lignite［J］.Fuel,2016,183:659-667.

［73］ ZHAO H,GENG X Z,YU J L,et al.Effects of drying method on self-heating behavior of lignite during low-temperature oxidation ［J］. Fuel processing technology,2016,151:11-18.

［74］ CLEMENS A H,MATHESON T W,ROGERS D E.Low temperature oxidation studies of dried New Zealand coals［J］.Fuel,1991,70(2):215-221.

［75］ WANG H,DLUGOGORSKI B Z,KENNEDY E M.Kinetic modeling of low-temperature oxidation of coal［J］.Combustion and flame,2002,131(4):452-464.

［76］ 杜云峰,唐忠,叶正亮,等.煤存储过程中结构变化的红外光谱研究［J］.矿业安全与环保,2017,44(3):24-28.

［77］ 李璐.煤中常见化学键的解离及分子结构的量子化学理论研究［D］.大连:大连理工大学,2016.

［78］ 石磊.煤共价键结构在热解过程中的阶段解离研究［D］.北京:北京化工大学,2014.

[79] WANG D M, ZHONG X X, GU J J, et al. Changes in active functional groups during low-temperature oxidation of coal[J]. Mining science and technology (China), 2010, 20(1): 35-40.

[80] 李绪萍. 煤分子结构与自燃特性的红外光谱研究[D]. 阜新: 辽宁工程技术大学, 2008.

[81] 邓存宝. 煤的自燃机理及自燃危险性指数研究[D]. 阜新: 辽宁工程技术大学, 2006.

[82] 刘生玉. 中国典型动力煤及含氧模型化合物热解过程的化学基础研究[D]. 太原: 太原理工大学, 2004.

[83] WANG Y Y, WU J M, XUE S, et al. Hydrogen production by low-temperature oxidation of coal: exploration of the relationship between aliphatic C—H conversion and molecular hydrogen release[J]. International journal of hydrogen energy, 2017, 42(39): 25063-25073.

[84] 王宝俊. 煤结构与反应性的量子化学研究[D]. 太原: 太原理工大学, 2006.

[85] LI C Z, SATHE C, KERSHAW J R, et al. Fates and roles of alkali and alkaline earth metals during the pyrolysis of a Victorian brown coal[J]. Fuel, 2000, 79(3/4): 427-438.

[86] 郭啸晋. 煤热解过程中挥发物反应的共价键断裂-生成模型研究[D]. 北京: 北京化工大学, 2015.

[87] 李美芬. 低煤级煤热解模拟过程中主要气态产物的生成动力学及其机理的实验研究[D]. 太原: 太原理工大学, 2009.

[88] 杨会会. 芳烃侧链及煤相关模型化合物的绿色氧化[D]. 徐州: 中国矿业大学, 2016.

[89] 林蔚. 煤热解焦化和加氢脱硫的 ReaxFF 反应分子动力学分析[D]. 北京: 北京科技大学, 2016.

[90] MARZEC A, 李春柱. 煤结构的大分子和分子模型[J]. 煤炭转化, 1988, 11(2): 70-73.

[91] SOLOMON P R, HAMBLEN D G, YU Z Z, et al. Network models of coal thermal decomposition[J]. Fuel, 1990, 69(6): 754-763.

[92] 艾晴雪. 煤自燃过程活性基团与自由基反应特性研究[D]. 唐山: 华北理工大学, 2018.

[93] KIDENA K, MURAKAMI M, MURATA S, et al. Low-temperature oxidation of coal suggestion of evaluation method of active methylene sites[J]. Energy and fuels, 2003, 17(4): 1043-1047.

[94] 吕永灿. 混煤燃烧过程中孔隙结构和官能团变化研究[D]. 武汉: 华中科技大学, 2009.

[95] XU T, SRIVATSA S C, BHATTACHARYA S. In-situ synchrotron IR study on surface functional group evolution of Victorian and Thailand low-rank coals during pyrolysis[J]. Journal of analytical and applied pyrolysis, 2016, 122: 122-130.

[96] 钮志远. 典型煤的官能团热解机理、动力学分析及影响因素研究[D]. 合肥: 中国科学技术大学, 2017.

[97] MONDRAGÓN F, RUÍZ W, SANTAMARÍA A, et al. Effect of early stages of coal oxidation on its reaction with elemental sulphur[J]. Fuel, 2002, 81(3): 381-388.

[98] ZHANG L J, LI Z H, HE W J, et al. Study on the change of organic sulfur forms in coal during low-temperature oxidation process[J]. Fuel, 2018, 222: 350-361.

[99] ZHANG L J,LI Z H,YANG Y L,et al.Effect of acid treatment on the characteristics and structures of high-sulfur bituminous coal[J].Fuel,2016,184:418-429.

[100] HE X Q,LIU X F,NIE B S,et al.FTIR and Raman spectroscopy characterization of functional groups in various rank coals[J].Fuel,2017,206:555-563.

[101] MURATA S,HOSOKAWA M,KIDENA K,et al.Analysis of oxygen-functional groups in brown coals[J].Fuel processing technology,2000,67(3):231-243.

[102] QI X Y,WANG D M,XIN H H,et al.An in situ testing method for analyzing the changes of active groups in coal oxidation at low temperatures[J].Spectroscopy letters,2014,47(7):495-503.

[103] ZHANG Y T,YANG C P,LI Y Q,et al.Ultrasonic extraction and oxidation characteristics of functional groups during coal spontaneous combustion[J].Fuel,2019,242:287-294.

[104] ZHANG L,LI Z,LI J,et al.Studies on the low-temp oxidation of coal containing organic sulfur and the corresponding model compounds [J]. Molecules, 2015, 20(12):22241-22256.

[105] MATHEWS J P,VAN DUIN A C T,CHAFFEE A L.The utility of coal molecular models[J].Fuel processing technology,2011,92(4):718-728.

[106] TAHMASEBI A,YU J L,BHATTACHARYA S.Chemical structure changes accompanying fluidized-bed drying of Victorian brown coals in superheated steam, nitrogen,and hot air[J].Energy and fuels,2013,27(1):154-166.

[107] ZHOU C S,ZHANG Y L,WANG J F,et al.Study on the relationship between microscopic functional group and coal mass changes during low-temperature oxidation of coal[J].International journal of coal geology,2017,171:212-222.

[108] 辛海会.煤火贫氧燃烧阶段特性演变的分子反应动力学机理[D].徐州:中国矿业大学,2016.

[109] QI X Y,XUE H B,XIN H H,et al.Reaction pathways of hydroxyl groups during coal spontaneous combustion [J]. Canadian journal of chemistry, 2016, 94 (5): 494-500.

[110] ZHONG X X,KAN L,XIN H H,et al.Thermal effects and active group differentiation of low-rank coal during low-temperature oxidation under vacuum drying after water immersion[J].Fuel,2019,236:1204-1212.

[111] 袁绍.褐煤自燃特性及提质改性处理影响的机理研究[D].杭州:浙江大学,2018.

[112] PERRY D L,GRINT A.Application of XPS to coal characterization[J].Fuel,1983, 62(9):1024-1033.

[113] SWANN P D,EVANS D G.Low-temperature oxidation of brown coal.3.reaction with molecular oxygen at temperatures close to ambient[J].Fuel,1979,58(4): 276-280.

[114] CUI G,WANG S,BI Z X,et al.Minimum ignition energy for the $CH_4/CO_2/O_2$ system at low initial temperature[J].Fuel,2018,233:159-165.

[115] ADAMUS A,ŠANCER J,GUŘANOVÁ P,et al.An investigation of the factors

associated with interpretation of mine atmosphere for spontaneous combustion in coal mines[J].Fuel processing technology,2011,92(3):663-670.

[116] DERYCHOVA K,PERDOCHOVA M,VEZNIKOVA H,et al.The composition of gaseous products of low-temperature oxidation of coal mass and biomass depending on temperature[J].Journal of loss prevention in the process industries, 2016,43:203-211.

[117] WANG Y Y,WU J M,XUE S,et al.Experimental study on the molecular hydrogen release mechanism during low-temperature oxidation of coal[J].Energy and fuels,2017,31(5): 5498-5506.

[118] DUDZIŃSKA A.Analysis of adsorption and desorption of ethylene on hard coals [J].Energy and fuels,2018,32(4):4951-4958.

[119] DENG J,ZHAO J Y,ZHANG Y N,et al.Thermal analysis of spontaneous combustion behavior of partially oxidized coal[J].Process safety and environmental protection,2016, 104:218-224.

[120] YUAN L M,SMITH A C.CO and CO_2 emissions from spontaneous heating of coal under different ventilation rates[J].International journal of coal geology,2011,88(1): 24-30.

[121] ZHANG Y L,WANG J F,WU J M,et al.Modes and kinetics of CO_2 and CO production from low-temperature oxidation of coal[J].International journal of coal geology,2015,140:1-8.

[122] WANG H H,DLUGOGORSKI B Z,KENNEDY E M.Pathways for production of CO_2 and CO in low-temperature oxidation of coal[J].Energy and fuels,2003,17(1):150-158.

[123] GREEN U,AIZENSHTAT Z,GIELDMEISTER F,et al.CO_2 adsorption inside the pore structure of different rank coals during low temperature oxidation of open air coal stockpiles[J].Energy and fuels,2011,25(9):4211-4215.

[124] DENG J,LI Q,XIAO Y,et al.Experimental study on the thermal properties of coal during pyrolysis,oxidation,and re-oxidation[J].Applied thermal engineering,2017, 110:1137-1152.

[125] KAM A Y,HIXSON A N,PERLMUTTER D D.The oxidation of bituminous coal:Ⅰ development of a mathematical model[J].Chemical engineering science, 1976,31(9):815-819.

[126] 戚绪尧.煤中活性基团的氧化及自反应过程[J].煤炭学报,2011,36(12):2133-2134.

[127] KAM A Y,HIXSON A N,PERIMUTTER D D.The oxidation of bituminous coal. 3.effect on caking properties[J].Industrial and engineering chemistry process design and development,1976,15(3):416-422.

[128] KARSNER G G,PERLMUTTER D D.Model for coal oxidation kinetics.2.an effectiveness factor interpretation[J].Fuel,1982,61(1):35-43.

[129] KRISHNASWAMY S,BHAT S,GUNN R D,et al.Low-temperature oxidation of coal.1.a single-particle reaction-diffusion model[J].Fuel,1996,75(3):333-343.

[130] KRISHNASWAMY S,GUNN R D,AGARWAL P K.Low-temperature oxidation of coal.2.an experimental and modelling investigation using a fixed-bed isothermal flow reactor[J].Fuel,1996,75(3):344-352.

[131] WANG H H,DLUGOGORSKI B Z,KENNEDY E M.Examination of CO_2,CO, and H_2O formation during low-temperature oxidation of a bituminous coal[J]. Energy and fuels,2002,16(3):586-592.

[132] 李增华.煤炭自燃的自由基反应机理[J].中国矿业大学学报,1996,25(3):111-114.

[133] TAHMASEBI A,YU J L,HAN Y N,et al.Study of chemical structure changes of Chinese lignite upon drying in superheated steam,microwave,and hot air[J]. Energy and fuels,2012,26(6):3651-3660.

[134] LI Z H,KONG B,WEI A Z,et al.Free radical reaction characteristics of coal low-temperature oxidation and its inhibition method[J].Environmental science and pollution research,2016,23(23):23593-23605

[135] 毕强.大兴矿火成岩侵入条件下煤自燃特性及防治技术研究[D].阜新:辽宁工程技术大学,2017.

[136] SHI Q L,QIN B T,BI Q,et al.An experimental study on the effect of igneous intrusions on chemical structure and combustion characteristics of coal in Daxing mine,China[J].Fuel,2018,226:307-315.

[137] TARABA B.Aerial and subaquatic oxidation of coal by molecular oxygen[J].Fuel, 2019,236:214-220.

[138] MURAKAMI K,SHIRATO H,NISHIYAMA Y.In situ infrared spectroscopic study of the effects of exchanged cations on thermal decomposition of a brown coal [J].Fuel,1997,76(7):655-661.

[139] SHUI H F,LI H P,CHANG H T,et al.Modification of sub-bituminous coal by steam treatment:caking and coking properties[J].Fuel processing technology, 2011,92(12):2299-2304.

[140] TARABA B,PETER R,SLOVÁK V.Calorimetric investigation of chemical additives affecting oxidation of coal at low temperatures[J].Fuel processing technology,2011, 92(3):712-715.

[141] WANG D M,DOU G L,ZHONG X X,et al.An experimental approach to selecting chemical inhibitors to retard the spontaneous combustion of coal[J].Fuel,2014, 117:218-223.

[142] MA L Y,WANG D M,WANG Y,et al.Synchronous thermal analyses and kinetic studies on a caged-wrapping and sustained-release type of composite inhibitor retarding the spontaneous combustion of low-rank coal[J].Fuel processing technology,2017,157:65-75.

[143] RAYMOND C J,FARMER J,DOCKERY C R.Thermogravimetric analysis of target inhibitors for the spontaneous self-heating of coal[J].Combustion science and technology,2016,188(8):1249-1261.

[144]　QIN B T, DOU G L, WANG Y, et al. A superabsorbent hydrogel-ascorbic acid composite inhibitor for the suppression of coal oxidation[J]. Fuel, 2017, 190: 129-135.

[145]　ZHONG X X, QIN B T, DOU G L, et al. A chelated calcium-procyanidine-attapulgite composite inhibitor for the suppression of coal oxidation[J]. Fuel, 2018, 217: 680-688.

[146]　LI J H, LI Z H, YANG Y L, et al. Inhibitive effects of antioxidants on coal spontaneous combustion[J]. Energy and fuels, 2017, 31(12): 14180-14190.

[147]　YUAN S, LIU J Z, ZHU J F, et al. Effect of microwave irradiation on the propensity for spontaneous combustion of Inner Mongolia lignite[J]. Journal of loss prevention in the process industries, 2016, 44: 390-396.

[148]　ZHANG J P, ZHANG C, QIU Y Q, et al. Evaluation of moisture readsorption and combustion characteristics of a lignite thermally upgraded with the addition of asphalt[J]. Energy and fuels, 2014, 28(12): 7680-7688.

[149]　LIAO J J, FEI Y, MARSHALL M, et al. Hydrothermal dewatering of a Chinese lignite and properties of the solid products[J]. Fuel, 2016, 180: 473-480.

[150]　RIBEIRO J, SUÁREZ-RUIZ I, WARD C R, et al. Petrography and mineralogy of self-burning coal wastes from anthracite mining in the El Bierzo coalfield (NW Spain)[J]. International journal of coal geology, 2016, 154/155: 92-106.

[151]　张嬿妮. 煤氧化自燃微观特征及其宏观表征研究[D]. 西安: 西安科技大学, 2012.

[152]　DENG J, BAI Z J, XIAO Y, et al. Effects of imidazole ionic liquid on macroparameters and microstructure of bituminous coal during low-temperature oxidation[J]. Fuel, 2019, 246: 160-168.

[153]　XIA W C, LI Y J, NIU C K. Effects of high-temperature oxygen-deficient oxidation on the surface properties of sub-bituminous coal[J]. Energy sources, part A: recovery, utilization, and environmental effects, 2019, 41(9): 1110-1115.

[154]　ZHU H Q, ZHAO H R, WEI H Y, et al. Investigation into the thermal behavior and FTIR micro-characteristics of re-oxidation coal[J]. Combustion and flame, 2020, 216: 354-368.

[155]　PARSA M R, CHAFFEE A L. The effect of densification with alkali hydroxides on brown coal self-heating behaviour and physico-chemical properties[J]. Fuel, 2019, 240: 299-308.

[156]　TAHMASEBI A, YU J L, HAN Y N, et al. A study of chemical structure changes of Chinese lignite during fluidized-bed drying in nitrogen and air[J]. Fuel processing technology, 2012, 101: 85-93.

[157]　CHEN X H, ZHENG D X, GUO J, et al. Energy analysis for low-rank coal based process system to co-produce semicoke, syngas and light oil[J]. Energy, 2013, 52: 279-288.

[158]　LIU G H, ZONG Z M, LIU F J, et al. Selective catalytic hydroconversion of

bagasse-derived bio-oil to value-added cyclanols in water:through insight into the structural features of bagasse[J].Fuel processing technology,2019,185:18-25.

[159] 王涌宇,邬剑明,王俊峰,等.亚烟煤低温氧化元素迁移规律及原位红外实验[J].煤炭学报,2017,42(8):2031-2036.

[160] ZHANG L J, LI Z H, YANG Y L, et al. Research on the composition and distribution of organic sulfur in coal[J].Molecules,2016,21(5):630.

[161] JING Z H,RODRIGUES S,STROUNINA E,et al.Use of FTIR,XPS,NMR to characterize oxidative effects of NaClO on coal molecular structures [J]. International journal of coal geology,2019,201:1-13.

[162] XU C C,ZHOU G,QIU H. Analysis of the microscopic mechanism of coal wettability evolution in different metamorphic states based on NMR and XPS experiments[J].RSC Adv,2017,7(76):47954-47965.

[163] 余明高,解俊杰,贾海林.机械力作用下煤结构破断CO释放规律及自燃预测指标修正方法[J].中国矿业大学学报,2017,46(4):762-768.

[164] LI J H, LI Z H, YANG Y L, et al. Experimental study on the effect of mechanochemistry on coal spontaneous combustion[J].Powder technology,2018, 339:102-110.

[165] LI J H, LI Z H, YANG Y L, et al. Examination of CO,CO_2 and active sites formation during isothermal pyrolysis of coal at low temperatures[J].Energy, 2019,185:28-38.

[166] YANG Y L,LI Z H,HOU S S,et al.Identification of primary CO in coal seam based on oxygen isotope method[J].Combustion science and technology,2017, 189(11):1924-1942.

[167] LI J H,LI Z H,YANG Y L,et al.Room temperature oxidation of active sites in coal under multi-factor conditions and corresponding reaction mechanism[J].Fuel, 2019,256:115901.

[168] WANG H H,DLUGOGORSKI B Z,KENNEDY E M.Experimental study on low-temperature oxidation of an Australian coal[J].Energy and fuels,1999,13(6): 1173-1179.

[169] WANG H H,DLUGOGORSKI B Z,KENNEDY E M.Thermal decomposition of solid oxygenated complexes formed by coal oxidation at low temperatures[J]. Fuel,2002,81(15):1913-1923.

[170] 李文军,陈姗姗,陈艳鹏,等.基于热重的煤热解反应动力学试验研究[J].中国煤炭, 2020,46(3):84-89.

[171] 郭延红,程帆.混煤热解动力学模型适应性分析[J].燃烧科学与技术,2019,25(6): 509-518.

[172] 洪迪昆.准东煤热解及富氧燃烧的反应分子动力学研究[D].武汉:华中科技大学,2018.

[173] 平传娟.混煤的微观理化特性与反应性的试验研究[D].杭州:浙江大学,2007.

[174] FENG D D,ZHAO Y J,ZHANG Y,et al.Synergetic effects of biochar structure and AAEM species on reactivity of H_2O-activated biochar from cyclone air gasification[J]. International journal of hydrogen energy,2017,42(25):16045-16053.

[175] CHEN X Y,LIU L,ZHANG L Y,et al.Physicochemical properties and AAEM retention of copyrolysis char from coal blended with corn stalks[J].Energy and fuels,2019,33(11):11082-11091.

[176] ZHANG Z Y,PANG S S,LEVI T.Influence of AAEM species in coal and biomass on steam co-gasification of chars of blended coal and biomass[J].Renewable energy,2017,101:356-363.

[177] MIURA K,OHGAKI H,SATO N,et al.Formulation of the heat generation rate of low-temperature oxidation of coal by measuring heat flow and weight change at constant temperatures using thermogravimetry-differential scanning calorimetry [J].Energy and fuels,2017,31(11):11669-11680.

[178] ZHANG W Q,JIANG S G,WANG K,et al.Thermogravimetric dynamics and FTIR analysis on oxidation properties of low-rank coal at low and moderate temperatures[J].International journal of coal preparation and utilization,2015, 35(1):39-50.

[179] ZHANG Y,WU B,LIU S H,et al.Thermal kinetics of nitrogen inhibiting spontaneous combustion of secondary oxidation coal and extinguishing effects[J]. Fuel,2020,278:118223.

[180] TANG Y B.Inhibition of low-temperature oxidation of bituminous coal using a novel phase-transition aerosol[J].Energy and fuels,2016,30(11):9303-9309.

[181] LI B,CHEN G,ZHANG H,et al.Development of non-isothermal TGA-DSC for kinetics analysis of low temperature coal oxidation prior to ignition[J].Fuel,2014, 118:385-391.

[182] 王琦.低阶褐煤热解过程的原位红外及拉曼光谱研究[D].大连:大连理工大学,2016.

[183] 周剑林.低阶煤含氧官能团的赋存状态及其脱除研究[D].北京:中国矿业大学(北京),2014.

[184] 李海杰.褐煤热解过程氧的迁移与调控[D].太原:太原理工大学,2019.

[185] GREEN U,AIZENSHTAT Z,RUTHSTEIN S,et al.Reducing the spin-spin interaction of stable carbon radicals[J].Physical chemistry chemical physics,2013,15(17):6182-6184.

[186] GREEN U,AIZENSHTAT Z,RUTHSTEIN S,et al.Stable radicals formation in coals undergoing weathering:effect of coal rank[J].Physical chemistry chemical physics,2012,14(37):13046-13052.

[187] GREEN U,KEINAN-ADAMSKY K,ATTIA S,et al.Elucidating the role of stable carbon radicals in the low temperature oxidation of coals by coupled EPR-NMR spectroscopy:a method to characterize surfaces of porous carbon materials[J]. Physical chemistry chemical physics,2014,16(20):9364-9370.

[188] SHIBAOKA M,OHTSUKA Y,WORNAT M J,et al.Application of microscopy to the investigation of brown coal pyrolysis[J].Fuel,1995,74(11):1648-1653.

[189] LIU S Y,ZHANG Z Q,WANG H F.Quantum chemical investigation of the thermal pyrolysis reactions of the carboxylic group in a brown coal model[J]. Journal of molecular modeling,2012,18(1):359-365.

[190] MA L Y,WANG D M,WANG Y,et al.Experimental investigation on a sustained release type of inhibitor for retarding the spontaneous combustion of coal[J]. Energy and fuels,2016,30(11):8904-8914.

[191] 许涛.煤自燃过程分段特性及机理的实验研究[D].徐州:中国矿业大学,2012.

[192] WANG H H,DLUGOGORSKI B Z,KENNEDY E M.Oxygen consumption by a bituminous coal:time dependence of the rate of oxygen consumption[J]. Combustion science and technology,2002,174(9):165-185.

[193] 位爱竹,李增华,潘尚昆,等.紫外光引发煤自由基反应的实验研究[J].中国矿业大学学报,2007,36(5):582-585.